精彩图例

统计门户网站 Statista 公布了 2014 年 1 月基于活跃用户数量的社交网络排名。

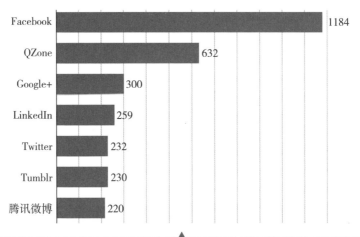

统计门户网站 Statista 提供的 2014 年 1 月社交网站活跃用户数量（百万）排名

Facebook 用户在 2011 年年底达到 8.45 亿，2013 年年底累计达到 12.28 亿。

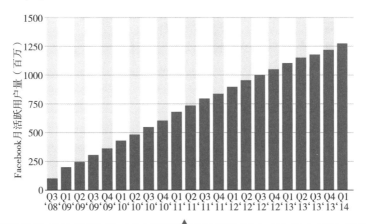

统计门户网站 Statista 提供的 2008 年第三季度到 2014 年第一季度 Facebook 月活跃用户量（百万）

LinkedIn 用户在 2013 年年底也达到了 2.77 亿，它在 2011 年年底只有 1.45 亿用户。

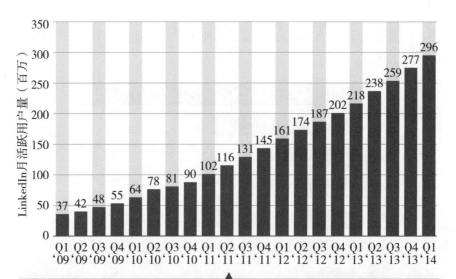

统计门户网站 Statista 提供的 2009 年第三季度到 2014 年第一季度
LinkedIn 月活跃用户量（百万）

社交媒体语义分析（SASM）分析数据的过程可由数据可视化方法来完成。

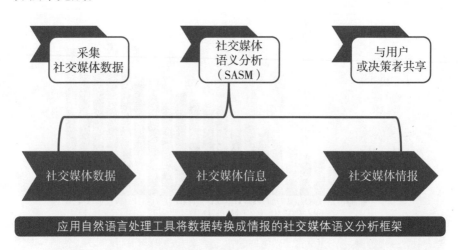

应用自然语言处理工具将数据转换成情报的社交媒体语义分析框架

Akhtar et al.[2015] 提出了一种将推文标准化的混合方法，该方法分两个步骤进行。研究人员训练了一个监督学习模型，使用 3 倍交叉验证来确定最佳特征集。

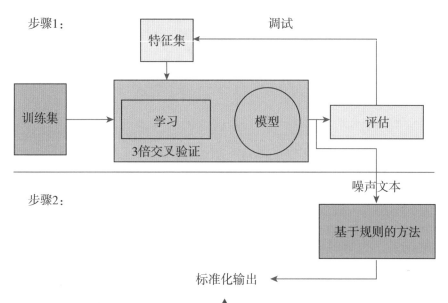

推文标准化的方法。水平线将两个步骤分隔开来
（检测将要进行标准化的文本并应用标准化规则）[Akhtar et al., 2015]

Baldwin and Li [2015] 设计了一种使用标准化编辑的分类法，该方法按照 3 个粒度级别对编辑进行分类，其结果表明：该分类法的针对性应用是标准化的有效方法。

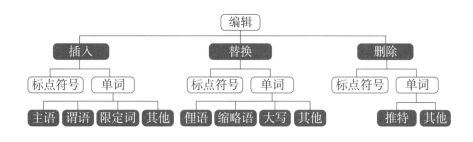

标准化编辑的分类法 [Baldwin and Li, 2015]

Liu and Inkpen [2015] 的 DeepNN 模型给出了最好的结果。我们很惊喜地发现基于 SVM 和朴素贝叶斯的简单模型性能很好。

Eisenstein 数据集上用户位置检测分类准确率 [Liu and Inkpen, 2015]		
模型	准确率（%）（4 个区域）	准确率（%）（49 个州）
Geo topic 模型 [Eisenstein et al., 2010]	58.0	24.0
DeepNN 模型 [Liu and Inkpen, 2015]	**61.1**	**34.8**
朴素贝叶斯	54.8	30.1
SVM（支持向量机）	56.4	27.5

四种模型在 Eisenstein 数据集上预测的平均误差距离。

Eisenstein 数据集上预测的平均误差距离 [Liu and Inkpen, 2015]	
模型	平均误差距离（km）
[Liu and Inkpen, 2015]	**855.9**
[Priedhorsky et al., 2014]	870.0
[Roller et al., 2012]	897.0
[Eisenstein et al., 2010]	900.0

Han et al. [2014] 的模型包含广泛的特性工程，比其他模型的性能更好。DeepNN 模型尽管有计算限制，但是使用了少量特征，也比 Roller et al. [2012] 的结果更好。

Roller 数据集上的用户位置预测结果 [Liu and Inkpen, 2015]			
模型	平均误差（km）	中值误差（km）	准确率（%）
[Roller et al., 2012]	860	463	34.6
[Han et al., 2014]	–	260	45.0
[Liu and Inkpen, 2015]	733	377	24.2

下表展示了 Aman 数据集的一个子集上每个分类的详细结果（至少包含一个明确情感单词的句子）。

Ghazi et al. [2014] 的情绪分类结果				
		精确率	召回率	F-measure
SVM+词袋 准确率 50.72%	幸福	0.59	0.67	0.63
	悲伤	0.38	0.45	0.41
	生气	0.40	0.31	0.35
	惊喜	0.41	0.33	0.37
	厌恶	0.51	0.43	0.47
	恐惧	0.55	0.50	0.52
	非情绪	0.49	0.48	0.48
SVM+其他特征 准确率 58.88%	幸福	0.68	0.78	0.73
	悲伤	0.49	0.58	0.53
	生气	0.66	0.48	0.56
	惊喜	0.61	0.31	0.41
	厌恶	0.43	0.38	0.40
	恐惧	0.67	0.63	0.65
	非情绪	0.51	0.53	0.52

SVM 分类器能够以 70% ~ 75% 的准确度（分类过程是一系列 5 个不同的二元分类器）预测句子所属的 IM 维度。

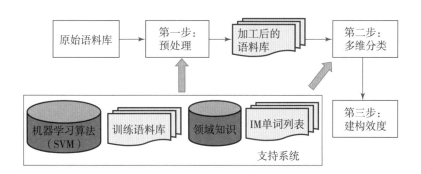

基于 SVM 的用于印象管理（Impression Management）的文本挖掘程序
[Schniederjans et al., 2013]

作者简介

阿塔夫·法辛达

　　阿塔夫·法辛达博士（安娜）是南加利福尼亚大学数据科学研究院（DSI）的研究助理，也是南加利福尼亚大学维特比工程学院计算机科学系的教师。曾获得蒙特利尔大学计算机科学专业博士学位，2005年获得巴黎索邦大学博士学位，主要研究方向为自动法律文件摘要。

　　法辛达博士是自然语言处理科技公司的创始人兼CEO，专门从事自然语言处理、法律决策摘要、机器翻译和社交媒体分析。她曾担任加拿大人工智能协会（2013—2015年）行业主席；2013年加拿大里贾纳AI/GI/CRV大会联合主席；2014年加拿大蒙特利尔AI/GI/CRV大会主席；加拿大渥太华第23届加拿大人工智能会议（AI 2010）计划委员会联合主席；加拿大语言技术协会（AILIA）语言技术部门主席（AILIA 2009—2013年）；加拿大语言技术研究中心（LTRC）副总裁（2012—2014年）；加拿大自然科学与工程研究理事会（NSERC）、计算机科学联络委员会（自2014年起）和国际化标准组织（ISO）加拿大咨询委员会的成员。她还是加拿大蒙特利尔大学的兼职教授（2009—2015年），蒙特利尔理工学院工程学院讲师（2012—2014年），英国胡弗汉顿大学计算语言学研究组客座教授和荣誉研究员（2010—2012年）。

法辛达博士还参与艺术活动，在创新技术和信息与通信技术类别中赢得了主题为"以平衡的生活方式取得成功"的Femmessor-Montréal比赛。她的绘画作品发表在图书《一千零一夜》（2014年版）中。她发表了50多篇会议和期刊论文，撰写了3本图书，IGI出版社出版的 *Innovative Document Summarization Techniques: Revolutionizing Knowledge Understanding* 一书中名为"文件摘要中的社交网络整合"一章也是由她撰写的。

戴安娜·英克彭

戴安娜·英克彭博士是加拿大渥太华大学电气工程和计算机科学学院教授，2003年在多伦多大学计算机科学系获得博士学位，1994年在罗马尼亚克卢日 - 纳波卡科技大学计算机科学系获得工程学学士学位，次年获得硕士学位。她的研究兴趣和专长是自然语言处理和人工智能，特别是将词汇语义学应用于近义词和细微差别词、单词和文本相似性、基于情绪和情感的文本分类、自然语音的信息检索、信息提取，以及从社交媒体中检测精神健康问题的迹象。

英克彭博士是第 29 届佛罗里达人工智能研究学会会议（FLAIRS 2016，佛罗里达州基拉戈，2016 年 5 月）、第 28 届加拿大人工智能会议（AI 2015，新斯科舍哈利法克斯，2015 年 6 月）以及信息管理和大数据国际研讨会（SimBig 2015，秘鲁库斯科，2015 年 9 月）的受邀讲员。英克彭博士在第 25 届加拿大人工智能会议（AI 2012，加拿大多伦多，2012 年 5 月）、关于自然语言处理和知识工程的第七届 IEEE 国际会议（IEEE 自然语言处理 -KE'11，日本德岛，2011 年 11 月）和关于自然语言处理和知识工程的第六届 IEEE 国际会议（IEEE 自然语言处理 -KE'10，中国北京，2010 年 8 月）担任计划委员会联合主席。从 2010 年 9 月到 2013 年 8 月，她被任命为英国胡弗汉顿大学的计算语言学客座教授。

她曾经带领并将继续带领许多科研项目，这些项目获得来自自然科学和工程研究理事会（NSETC）、加拿大社会科学和人文研究委员会（SSHRC）和安大略卓越中心（OCE）的资助。这些项目也包括和来自渥太华、多伦多和蒙特利尔地区的公司的工业合作。她发表了超过 30 篇期刊论文、100 篇会议论文，并为 9 本书籍撰写过章节。她是其研究领域很多会议的计划委员会成员，很多期刊的审稿人，并且是《计算智能》和《自然语言工程》期刊的副主编。

人类语言技术综合讲座

格雷姆·赫斯特　系列主编

社交媒体
自然语言处理 //第二版//

Natural Language

Processing for Social Media（Second Edition）

加]阿塔夫·法辛达　[加]戴安娜·英克彭　著

午舟军　焦程波　译

中国宇航出版社

·北京·

Natural Language Processing for Social Media, Second Edition
Original English language edition published by Morgan and Claypool Publishers
Copyright © 2018 Morgan and Claypool Publishers
All Rights Reserved, Morgan and Claypool Publishers
本书中文简体字版由摩根-克莱普尔出版社授权中国宇航出版社独家出版发行，未经出版者书面许可，不得以任何方式抄袭、复制或节录书中的任何部分。
著作权合同登记号：图字：01-2018-1764号

图书在版编目（ＣＩＰ）数据

社交媒体自然语言处理：第二版 ／（加）阿塔夫·法辛达，（加）戴安娜·英克彭著；许舟军，焦程波译. -- 北京：中国宇航出版社，2019.1（2020.8 重印）
书名原文：Natural Language Processing for Social Media, Second Edition
ISBN 978-7-5159-1541-8

Ⅰ．①社… Ⅱ．①阿… ②戴… ③许… ④焦… Ⅲ.
①互联网络－传播媒介－自然语言处理－研究 Ⅳ.
①TP391

中国版本图书馆CIP数据核字 (2018) 第245025号

策划编辑	田芳卿		
责任编辑	吴媛媛	**装帧设计**	宇星文化

出　版 **中国宇航出版社**
发　行

社　址	北京市阜成路8号	**邮　编**	100830
	(010)60286808		(010)68768548
网　址	www.caphbook.com		
经　销	新华书店		
发行部	(010)60286888		(010)68371900
	(010)60286887		(010)60286804(传真)
零售店	读者服务部		
	(010)68371105		
承　印	三河市君旺印务有限公司		
版　次	2019年1月第1版		2020年8月第2次印刷
规　格	710×1000	**开　本**	1/16
印　张	16.5　**彩　插** 8面	**字　数**	185千字
书　号	ISBN 978-7-5159-1541-8		
定　价	68.00元		

本书如有印装质量问题，可与发行部联系调换

摘要

近年来，在线社交网络已经对人际交往沟通产生革命性的影响。关于社交媒体语言的分析，最新研究越来越多地集中在社交媒体对人类日常生活的影响上，涉及个人和职业两个层面。自然语言处理（Natural Language Processing, NLP）是社交媒体数据处理的极具前景的途径之一。开发有效的方法和算法，从多格式或自由形式的多源多语种海量数据中抽取相关信息是一个科学挑战。本书讨论了与传统类型文本相比，社交媒体文本分析面临的挑战。

为适应新的数据类型，信息抽取、自动分类/聚类、自动文摘和索引、统计机器翻译方面的研究方法需要调整修正。本书针对可大量获取的社交媒体数据（大数据）中的非传统信息的处理，回顾当前自然语言处理工具、方法的相关研究，同时展示创新的自然语言处理方法如何将适当的语言信息整合到不同领域，比如社交媒体监测、医疗保健、商业情报、工业、营销、安全和防务。

我们回顾了现有自然语言处理和社交媒体应用的评估指标，以及评估工作的新进展或社交媒体新数据集共享任务。

这些工作由计算语言学协会（如 SemEval 任务）或国家标准与技术研究院文本检索会议（TREC）和文本分析会议（TAC）组织开展。在最后一章，我们讨论了自然语言处理这个快速发展的学科的重要性以及未来 10 年移动技术、云计算、虚拟现实、社交网络不断变化背景下自然语言处理技术（NLP）的巨大潜力。

在第二版中，我们增加了第一版提及的工作、应用的最新进展情况，对新方法及成果也进行了讨论。随着社交媒体数据规模和自动处理需求不断增加，使用社交媒体数据的研究项目和出版物数量持续增长。在第一版 300 多条引用参考的基础上，第二版增加了 85 条新的引用参考。除了更新每个章节，我们在 4.5 节"媒体监测"部分添加了一个新的应用（数字营销）。同时增加了医疗保健应用部分，该部分内容延伸讨论了通过社交媒体检测精神病体征的最新研究进展。

关键词

社交媒体、社交网络、自然语言处理、社交计算、大数据、语义分析

献给我的丈夫马苏德（Massoud）和我的女儿蒂娜（Tina）、阿曼达（Amanda），我的女儿们是妈妈所期望的最好的孩子：她们快乐、可爱、充满乐趣。

——阿塔夫·法辛达（Atefeh Farzindar）

献给我的丈夫尼库（Nicu），在他的陪伴下，我可以翻越任何高山，还要将此书献给我们的宝贝女儿尼科莱塔（Nicoleta）。

——戴安娜·英克彭（Diana Inkpen）

前言

本书介绍了自然语言处理（NLP）在社交媒体数据语义分析上的最新理论和实证研究。随着该领域的持续发展，第二版针对第一版提及的任务和应用的方法及结果增加了最新信息。

在过去的几年中，在线社交网站给个人、团体、社区之间的交流途径带来了革命性的变化，同时改变了人们的日常习惯。用户生成的空前规模的多样化信息，以及用户之间的交互网络，为理解社交行为、构建社会智能系统提供了新的机会。

很多社交网络、社交网络挖掘研究都是基于图论展开的。这种思路是合理的，因为社交结构是由社交参与者集合、社交参与者之间的二元关系组合组成。我们认为，面向社交网络的结构信息扩散图挖掘方法或社交网络影响力传播图挖掘方法，需要与社交媒体内容分析结合使用。这为使用社交互动产生的可获取的公开信息的新的应用提供了机会。应用改进的传统自然语言处理方法，可以部分解决主要针对社交媒体发布消息的内容分析问题。当我们收到一个少于10个字符(包含表情和心情符号）的文本，我们可以理解甚至回应。虽然自然语言处理方法不能处理此类文本，但社交媒体数据存在逻辑信息，基于这种逻辑信息，两个人才能沟通。同样的逻辑在世界上占据主导地位，全人类可以使用它与其他人共享和交流信息。这是自然语言处理面临的一种新的挑战性语言。

我们相信需要新理论、算法开展社交媒体数据语义分析，同时需要一种新的大数据处理方法。本书提及的语义分析是指可能与社交网络结构相结合的、进行了语义增强的社交媒体信息语言处理。事实上，我们使用这个术语在一个更广义层面来表示能进行社交媒体文本和元数据智能处理的应用。一些应用可以访问超大规模的数据。为此，算法需要调整以适应数据的在线处理，不必非以存储所有数据（再处理）的形式处理数据（大数据）。

这种情况促使我们提出两个教程：EMNLP 2015[①] 大会上的《社交媒体文本分析应用》和第29届加拿大人工智能会议（AI 2016）上的《社交媒体自然语言处理》[②]。我们还组织了多个主题研讨会：社交网络中的语义分析（SASM 2012）[③]、社交媒体中的语言分析（LASM 2013[④]、LASM 2014[⑤]）以及计算语

---

① http://www.emnlp2015.org/tutorials/3/3_OptionalAttachment.pdf
https://www.cs.cmu.edu/~ark/EMNLP-2015/proceedings/EMNLP-Tutorials/pdf/EMNLP-Tutorials06.pdf

② http://aigicrv.org/2016/

③ https://aclweb.org/anthology/W/W12/#2100

④ https://aclweb.org/anthology/W/W13/#1100

⑤ https://aclweb.org/anthology/W/W14/#1300

言学协会（如 ACL、EACL 和 NAACL-HLT）^①组织的会议。

我们的目标是广泛呈现语言分析研究及其成果，为自然语言处理、计算语言学、社会语言学、心理语言学等领域提供参考。我们的研讨会邀请所有与社交媒体语言分析相关的原创研究参与，包括以下主题：

- ·人们在社交媒体上讨论什么？
- ·他们如何表达自己？
- ·他们为什么在社交媒体上发布内容？
- ·语言和社交网络属性如何相互作用？
- ·面向社交媒体分析的自然语言处理技术。
- ·辅助理解社交数据的语义 Web / 本体 / 域模型。
- ·通过语言分析来表征参与者。
- ·语言、社交媒体和人类行为。

还有其他几个相关的主题研讨会，例如与 2012—2016 年国际万维网大会合作的理解微博（#Microposts）^②系列研讨会。这些研讨会特别侧重于易发布的非正式短文本（如推文、脸书共享信息、Instagram 类型共享信息、Google+信息）。另外还有自 2013 年开始举办的社交媒体自然语言处理系列研讨会（SocialNLP），包括与 EACL 2017^③ 合作举办的 SocialNLP 2017 以及 IEEE BigData 2017。^④

---

① http://www.aclweb.org/

② http://microposts2016.seas.upenn.edu/

③ http://eacl2017.org/

④ http://cci.drexel.edu/bigdata/bigdata2017/

本书的目标读者是对开发自动化社交媒体文本分析工具和应用感兴趣的研究者。我们假定读者拥有自然语言处理和机器学习的基础知识，希望本书能帮助读者更好地理解计算语言学和社交媒体分析，特别是文本挖掘技术和专为社交媒体文本设计的自然语言处理应用，如摘要、地点检测、情感和情绪分析、话题检测和机器翻译。

阿塔夫·法辛达

戴安娜·英克彭

2017 年 12 月

致 谢

    如果没有多人的努力，这本书是无法完成的。感谢自然语言处理科技公司的同事们、渥太华大学自然语言处理研究项目组，以及我们在南加州大学的学生詹姆斯·韦伯（James Webb）、刘瑞宁（Ruining Liu）。还要特别感谢审读本书初稿的渥太华大学斯坦·斯帕科维茨（Stan Szpakowicz）教授，以及对修改和添加内容提出有价值建议的两位匿名审读者。感谢多伦多大学的格雷姆·赫斯特（Graeme Hirst）教授和摩根－克莱普尔出版社（Morgan & Claypool Publishers）的迈克尔·摩根（Michael Morgan）一直以来的鼓励。

阿塔夫·法辛达

戴安娜·英克彭

2017 年 12 月

目 录 CONTENTS

第一章
社交媒体分析概述

1.1 导论

社交媒体是一个奇迹，它近期已经扩展到全球范围，迅速吸引了数十亿的用户。通过社交网络平台这种电子通信方式，用户可以编辑和分享个人的语言、图片、音频、视频等不同形式的信息。因此，作为一个新兴的研究和发展领域，社交计算广泛涵盖了 Web 语义、人工智能、自然语言处理、网络分析和大数据分析等话题。

在过去的几年中，在线社交网站如 Facebook（脸书）、Twitter（推特）、YouTube、Flickr、MySpace、LinkedIn（领英）、Metacafe、Vimeo 等，极大地改变了个人、群体、社区之间的交流方式，也改变了人们的日常生活 [Boyd and Ellison,2007]。

社交媒体平台大致分为内容分享网站、论坛、博客和微博等。用户通过内容分享网站（如 Facebook、Instagram、Foursquare、Flickr、YouTube）交换信息、消息、照片、视频或者其他内容，通过 Web 用户论坛（如 StackOverflow、CNET 论坛、Apple Support）发布专业内容、问题或答案。用户可以

在博客（例如 Gizmodo、Mashable、Boing Boing）上发布消息，
分享信息和观点。在微博（例如推特、新浪微博、Tumblr）上，
则仅限于用短文本来分享信息和观点。内容分享的形式按顺序如
下：发布帖子、评论帖子、建立社交网络的显性或隐性关系（好
友关系、粉丝等）、交叉发帖和用户链接、社交标签、喜欢 / 收
藏 / 主演 / 投票 / 评级等、作者信息和用户属性链接[①]。表 1.1 列
出了更多的社交媒体平台的详细信息，包括平台特点以及分享的
内容类型 [Barbier et. al, 2013]。

表 1.1　社交媒体平台及其特点

类型	特点	平台
社交网络	为了共享用户生成的内容，社交网站允许用户建立个人主页，通过主页与朋友或者其他熟悉的人进行联系	MySpace、Facebook、领英、Meetup、Google Plus+
博客和博客评论	博客是一种在线日志，博主能创建内容并以倒叙形式展示。博客主要由个人或者社会团体进行维护。博客的评论是用户附在博客或在线报纸文章上的帖子	《赫芬顿邮报》《商业内幕》、Engadget、在线期刊
微博	微博和博客相似，但内容上有限制	推特、Tumblr、新浪微博、Plurk
论坛	论坛是成员通过发布信息讨论话题的地方	在线讨论社区、phpBB 开发者论坛、育儿论坛
社交书签	向用户提供保存、管理、搜索不同网站链接的服务，同时允许共享网页书签	美味书签、Pinterest、Google 书签

---

① http://people.eng.unimelb.edu.au/tbaldwin/pubs/starsem2014.pdf

（续表）

类型	特点	平台
维基	此类网站允许人们相互协作，在社区数据库中添加或编辑信息	维基百科、Wikitravel、Wikihow
社会新闻	社交新闻鼓励社群团体发布新闻故事或对内容进行投票并共享	Digg、Slashdot、Reddit
媒体共享	允许用户采集视频、图片或上传分享的网站	YouTube、Flickr、Snapchat、Instagram、Vine

2014 年 1 月的社交媒体统计数据显示，Facebook 已经发展到超过十亿活跃用户，且每年增加 200 多万用户。世界上最大的统计门户网站 Statista[①] 公布了基于活跃用户数量的社交网络排名，如图 1.1 所示，排名显示 QQ 空间拥有超过 6 亿用户，排名第二。Google+、领英和推特分列第三、四、五位，分别拥有 3 亿、2.59 亿和 2.32 亿活跃用户。

统计门户网站 Statista 还发布了 Facebook 和领英的用户增长趋势，如图 1.2 和图 1.3 所示。图 1.2 显示 Facebook 用户在 2011 年年底达到 8.45 亿，2013 年年底累计达到 12.28 亿。图 1.3 显示，领英用户在 2013 年年底也达到了 2.77 亿，它在 2011 年年底只有 1.45 亿用户。Statista 还计算了 Facebook 和领英的年收入，2013 年的年收入分别是 78.72 亿美元和 15.28 亿美元。

---

① http://www.statista.com/

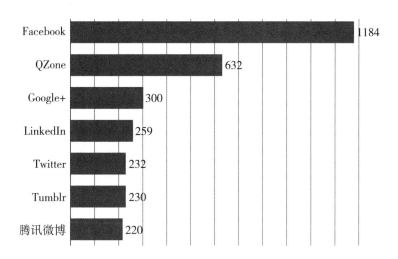

图 1.1　统计门户网站 Statista 提供的 2014 年 1 月社交网站活跃用户数量
（百万）排名

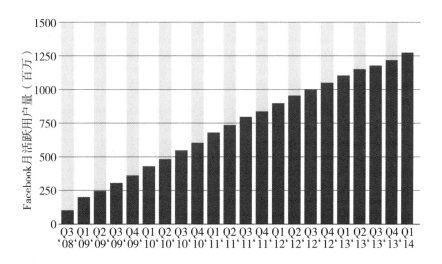

图 1.2　统计门户网站 Statista 提供的 2008 年第三季度到 2014 年第一季度
Facebook 月活跃用户量（百万）

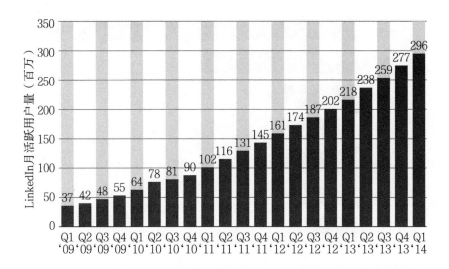

图 1.3　统计门户网站 Statista 提供的 2009 年第三季度到 2014 年第一季度
LinkedIn 月活跃用户量（百万）

　　社交计算是一个新兴领域，主要用于建模、分析以及监管来自不同媒体平台的社会行为以生成智能应用。社交媒体作为一种新兴的电子互联网工具，目的在于与他人高效共享、讨论信息和经验 [Moturu, 2009]。包括社交网站、论坛、博客和微博等在内的多种社交媒体平台近期已经演化更新，以确保虚拟社区的互联性和合作性。报纸、电视、广播等传统媒体提供从企业到消费者的单向通信服务模式，社交媒体服务允许用户在不同平台之间交互共享。因此，社交媒体已经成为商业情报的主要信息来源。

　　社交媒体平台有多种互动方式，其中重要的方式之一就是发布帖子。传统媒体（如书面新闻和文章）的自然语言处理技术在过去的 25 年里是热门的研究课题。如今自然语言处理技术通常利用计算机科学、人工智能、语言学等方面的知识，促使计算机理解自然语言输入的含义。

　　面向社交媒体文本的自然语言处理是一个新兴的研究领域，它需要将传统自然语言处理方法进行修正，以适应社交媒体文本，或研发适合从社交媒体上下文中进行信息提取和其他任务的新方法。

　　传统自然语言处理技术不适用于社交媒体文本的原因有很多，包括社交媒体语言的非正式性、新类型语言、缩写等。1.3节将详细讨论这些问题的细节。

　　社交网络由参与者（例如个人和组织）与参与者之间的一组二元关系（例如人际关系、联系或者互动）集合组成。社交网络研究的目标是建立社交团体结构模型来确定该结构如何影响其他参数，以及结构随时间的演变过程。社交媒体语义分析（SASM）对文本消息和元数据进行语义处理，目的是建立基于社交媒体数据的智能应用。

　　社交媒体语义分析有助于开发自动化工具和算法来监视、捕获和分析社交媒体采集的大量数据，从而预测用户行为或者提取其他种类的信息。如果数据量非常大，需要应用大数据处理技术，例如在更新模型时不需要存储所有数据的在线算法，这种算法可对逐步输入的数据加以处理。

　　在本书中，我们侧重通过新的自然语言处理技术及应用来分析社交媒体文本数据。近日，欧洲汉语言学会 2014 年社交媒体语言分析研讨会 [Farzindar et al., 2014]、计算语言学协会北美分会人类语言技术会议 2013 年社交媒体语言分析研讨会 [Farzindar et al., 2013] 和欧洲汉语言学会 2012 年社交媒体语义分析研讨会 [Farzindar and Inkpen, 2012] 等，已经持续加强对自然语言处理技术和应用的关注度，研究社交媒体消息对我们日常个人和职业生活的影响。

社交媒体文本数据是公开可利用的文本集合，可以通过博客、微博、网络论坛、用户生成的常见问题、聊天播客、在线游戏、标签、评级和评论等渠道公开获取。社交对话实时发布的特点，导致社交媒体有很多和传统文本不同的特性。检测话题相关的会话组，对于应用程序、情绪检测、谣言控制、舆论导向很重要。此外，消息中提到的位置信息或者用户的所在位置也比较有价值。由不同用户用不同语言和风格撰写的非结构化文本呈现出多种形式。同时，拼写错误、聊天俚语等在社交网站（例如 Facebook 和推特）中也越来越多。帖子作者不是专业作家，但他们的帖子在网络上的许多地方和各种社交媒体平台上广泛传播。

通过监测和分析用户在社交媒体平台上生成的海量持续内容流，可以挖掘出有空前价值的信息，这些信息是传统媒体无法获得的。社交媒体语义分析孕育了大数据分析这一新兴学科，后者涉及社交网络分析、机器学习、数据挖掘、信息检索及自然语言处理等方面的技术 [Melville et al., 2009]。

图 1.4 显示了社交媒体语义分析的框架。第一步是识别从社交网络中采集数据存在的问题和机会，这些数据可以是文本信息（大数据能储存在大型、复杂的数据集或文本文件中），也可以是实时处理的动态在线数据，或是依据特定需求采集的历史数据。下一步是社交媒体语义分析，由面向社交媒体分析特定要求的自然语言处理工具和数据处理组成。社交媒体数据由海量、嘈杂、非结构化数据集组成。社交媒体语义分析（SASM）通过社交信

息和知识把社交媒体数据转化成有意义、可理解的信息。然后，SASM 通过分析社交媒体信息产生社交媒体情报。通过用户共享和提交给决策者的形式，社交媒体情报能提高他们（用户、决策者）的认知水平、沟通能力、计划能力或解决问题的能力。SASM 分析数据的过程可由数据可视化方法来完成。

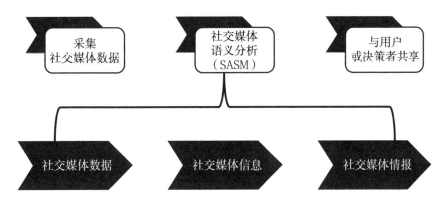

图 1.4　应用自然语言处理工具将数据转换成情报的社交媒体语义分析框架

1.2　社交媒体应用

针对不同的应用，例如信息提取、自动分类、聚类、信息检索中的数据索引、统计机器翻译等，需要为社交媒体数据的自动处理设计合适的研究方法。因为社交媒体的海量数据以及新文本信息的高速产生，使监测或其他人工分析变得几乎不可行。很多应用场景中，在数据量巨大的情况下，很难进行有效的实时人工评估和数据分析决策。

社交媒体监测是社交媒体语义分析（SAMA）的主要应用之一。出于政治、商业、科学研究等多方面的考虑，传统意义上的媒体监测定义为监视追踪硬拷贝、在线、广播媒体输出的行为。

社交媒体网络提供的大量信息是开源情报的一个重要来源，社交媒体使得与信息发布者直接接触成为可能。与传统新闻不同，作者观点和情感为社交媒体数据提供了一个额外的审视角度。源文件大小的不同（比如多条推文、博文的混合文件）和内容的多样性，也使得社交媒体文件的分析工作变得十分困难。

在社交媒体中，事件实时搜索或事件检测是非常重要的任务[Farzindar and Khreich, 2013]。动态信息检索和实时事件搜索的目的是有效获取各种信息。检索查询需要考虑多个维度，包括空间和时间。在这种情况下，为支撑事件搜索和相关信息检测操作，以信息检索、多源多类型社交数据文本摘要为代表的一些自然语言处理方法就变得很重要。

对社交网络中的一天或一周的对话（对于一组相关话题的讨论或关于特定事件的对话）的语义分析，需要进行跨语言自然语言处理。与社交媒体相关的 NLP 方法能够提取分析人员感兴趣的信息，引导我们在计算语言学领域内的应用。

1.2.1　社交媒体数据的跨语言文本分析

将现有自然语言处理技术应用于不同语言和多源社交媒体时，会面临一些额外的挑战。文本分析工具通常是面向特定语言设计的，因此研究的主要问题在于评估是否要对语言独立性和特异性进行取舍。除了英语以外，用户还使用多种语言发布内容，这意味着由于语言障碍，许多用户无法获取所有内容。在这种情况下，机器翻译可以帮助人们克服语言障碍。机器翻译和自然语言处理工具结合，为通过跨语言处理进行文本语义分析提供了可能。

1.2.2 实际应用

社交网络和网页上大量的公开信息，能使不同领域受益，如工业、传媒、医疗保健、政治、公共安全和治安管理。这里，我们可以列举社交网络监测中的几个创新性集成应用，以及一些面向政府的协调和事态感知应用的模拟场景。我们将展示自然语言处理工具如何帮助政府近乎实时地解析数据并提升战略和操作层面的命令决策。

1. 工业

社交媒体数据监测在工业上有极大的应用前景。社交媒体数据能显著提高商业智能（BI）的水平。社交媒体数据和企业 BI 系统结合，能帮助企业实现多个目标，如提高知名度，提高客户及潜在客户的参与度，以及改善客户服务。此外，网络营销、股市预测、产品推荐和声誉管理等，都是社交媒体语义分析（SAMA）的实际应用案例。

2. 媒体和新闻

社交网络平台使得记者和公众的关系变得更紧密。根据 2013 年社会新闻研究成果，最新数据显示 25% 的主要信息来自社交媒体数据[①]。一些公共关系专家和记者通过社交媒体采集公众意见，进行情感分析，实施危机监测，执行基于议题或程序的媒体分析，以及进行社交媒体调查。

---

① http://www.cision.com/uk/files/2013/10/social-journalism-study-2013.pdf

3. 医疗保健

随着时间的推移，社交媒体已普遍成为医疗保健的一部分。医疗行业使用社交媒体工具参与社区建设，促使医患关系更加和谐。使用推特来讨论对生产者、消费者（患者、家庭和护理人员）、疾病、医疗、药物等的建议，只是社交媒体在医疗行业的应用之一。医疗保健最早被称为社会保健。由于患者有讨论自己感受和经历的需求，所以促成了医学论坛的兴起。

本书将会讨论为了实现更好的健康监测（例如疾病传播）、患者信息获取和患者支持，社交媒体数据的自然语言处理方法将如何帮助人们开发创新工具和集成相关语言信息。

4. 政治

在线监测可以帮助跟踪全民观点和国际、国内或者当地有关政党的意见。对一个政党来说，组织选举活动并获取选民支持至关重要。观点挖掘、评论感知和公众帖子以及对论坛上的声明的理解，能使政党更加了解某个特定事件的真相，及时采取必要措施以提高政党地位。

5. 国防和安全

国防和安全部门也希望研究社交媒体上的信息及其摘要，了解特定事件的发展态势，对有共同兴趣的个体进行情感分析，以及警惕对国防和公众安全有潜在威胁的人。本书将会讨论 MySpace、Facebook、Skyblog 和推特等社交网络的信息流问题。我们将展示 Web 2.0 上的信息提取方法，寻找数据实体间的关联，分析网络的特点与活力。社交数据通常包含隐含在文本和网络结构中的重要信息，聚集社交媒体上的社会行为能为国家安全提供有价值的信息。

1.3 社交媒体数据的挑战

社交媒体(如在线论坛、博客和推文)上的信息是高度动态的，并且涉及不同参与者的互动。非正式环境中，用户会持续生成大量的文本。

由于不规范拼写、噪声、自动分类和聚类特征有限，应用于社交媒体文本的自然语言处理工具标准化面临诸多困难。社交媒体很重要，因为社交网络的应用使得每个人都是一个潜在的作者，语言更加贴近用户个人风格而不是语言规范 [Beverungen and Kalita, 2011, Zhou and Hovy, 2006]。博客、推文和状态更新等都是用非正式的、对话的语气撰写的，更多的是"意识流"而不是深思熟虑和精心编辑过的，不像传统印刷媒体。正是社交媒体文本的非正式特性，使得自动语言处理各个层面都面临挑战。

表面上，若干问题对面向传统数据开发的基本自然语言处理工具提出了挑战，不连贯的（或者缺失的）标点符号和大小写会让句子边界的检测变得相当困难，甚至人工都无法准确判断，例如以下这条推文："#qcpoli enjoyed a hearty laugh today with #plq debate audience for @jflisee #notrehome tunewas that the intended reaction?"表情符号、不正确或不规范的拼写以及过度的缩写，使分词、词性标注和其他任务趋于复杂化。传统工具必须适应新变化，例如字母重复（"heyyyyy"），这不同于一般的拼写错误。频繁省略这个语法问题是社交媒体文本句法分析的另一个问题，其中句子片段和完整句子出现的频率相近，

"there""they are""they're"和"their"似乎更是随机使用。

社交媒体比传统印刷媒体有更多的噪声。和互联网上其他很多信息一样，社交网络被垃圾邮件、广告，以及随意发送的不相关和分散注意力的内容所困扰。即使忽略这些形式的噪声，很多社交媒体上正常发布的文本也会与信息获取者的需求不相关。Andréet et al. [2012] 的一项评估用户推又价值感知的研究证明了这一点，他们搜集了四万多份粉丝推文进行评级，其中只有36% 的推文被认为"值得一读"，25% 的推文被评为"不值一读"。被认为价值最低的推文是所谓刷存在感的帖子（如"Hullo twitter"）。过滤垃圾邮件和其他不相关内容的预处理，或者有更强的噪声处理能力的模型，在任何面向社交媒体的语言处理中都很重要。

社交媒体文本的几个特点对于自然语言处理方法尤为重要。使用的媒介的特殊性和媒介的使用方法，对形成一个成功的话题有很大的影响。例如，推文 140 个词的限制与传统文件相比内容相对匮乏，帖子的大量转发也造成了数据冗余。Sharifi et al. [2010] 在他们数据挖掘和自动摘要推特热门话题帖子的实验中，注意到微博摘要中信息冗余是一个主要问题。

在大量推文流中检测感兴趣事件的一个主要挑战，是分开噪声信息和有趣的真实事件。实际上，特别需要高度可扩展且有效的方法来加工和处理数量越来越大的推特数据（尤其是对实时事件检测来说）。其他固有的挑战是由推特的设计限制和使用的随意性造成的。这些挑战主要是由推文长度限制造成的，结果导致非正式、不规则和缩写词汇的频繁使用（动态发展），大量拼写／

语法错误，以及不当的句子结构和混合语言的使用。数据的稀疏性、语境的匮乏性和词汇的多样性，使传统文本分析技术不再适合推文 [Metzler et al., 2007]。另外，在不同的用户眼中，不同事件的热门程度不同，在内容、消息和参与者数量、时间段、固有结构和因果关系方面也有诸多不同 [Nallapati et al., 2004]。

主观性是所有形式的社交媒体始终存在的特点。传统新闻文本力求客观、中立，但社交媒体文本更加主观和充满主观意见。不管最终需要的信息是否来自观点挖掘和情感分析，主观信息在社交文本语义分析中都扮演着重要的角色。

由于社交文本的会话语气和社交媒体的持续流动性，主题偏移在社交媒体比在其他文本中更加突出。新的维度有待探索，还需评估和开发新的信息源和特征类型。传统文本大体上可以看作是静态的和独立的，但社交媒体呈现的信息包含不同参与者的互动，例如在线论坛、博客、推文，这些都是高度动态的。这是阻碍传统摘要方法发展的又一因素，但这也是一个契机，可以获得更多额外语境来助力摘要工作或开发全新的摘要方式。比如，Hu et al. [2007a] 建议从用户评论中提取有代表性的句子来补充博客摘要，Chua and Asur [2012] 探索推文数据流的时间相关性来提取有关推文，用作事件摘要，Lin et al. [2009] 认为摘要不是总结帖子或文本内容，而是通过在 Flickr 数据中提取有时间代表性的用户、行为和概念来总结社交网络本身。

正如我们提到的，由于不标准的拼写、噪声、社交媒体功能限制及拼写错误等原因，标准的自然语言处理方法应用在社交媒体上会面临诸多困难。正是基于这一情况，研究人员提出一些自然语言处理技术以提高推特新闻中的聚类性能，包括标准化、术语扩展、改进功能选项和降噪等 [Beverungen and Kalita, 2011]。识别句子中正确的人名和语言切换，需要快速准确的人名识别和语言检测技术。最近的研究侧重于通过社交媒体语言分析来解析社交行为并建立社交感知系统，目标是利用计算机语言学、社会语言学、心理语言学等领域的方法进行语言分析。例如，Eisenstein [2013a] 研究了社交媒体文本的语音变异及其影响因素。

从计算语言学协会（Association for Computational Linguistics, ACL）组织的几次有关社交媒体语义分析的研讨会和科学杂志的特刊来看，这个研究领域相当活跃，这里列举一些供大家参考（前言中已经提到）。

·欧洲汉语言学会 2014 年社交媒体语言分析研讨会（LASM 2014）①

·计算语言学协会北美分会人类语言技术会议 2013 年社交媒体语言分析研讨会（LASM 2013）②

·欧洲汉语言学会 2012 年社交媒体语义分析研讨会（SASM 2012）③

·计算语言学协会北美分会人类语言技术（HLT）会议 2012 年社交媒体中的语言研讨会（LSM 2012）④

·计算语言学协会人类语言技术（HLT）会议 2011 年社交

---

① https://aclweb.org/anthology/W/W14/#1300

② https://aclweb.org/anthology/W/W13/#1100

③ https://aclweb.org/anthology/W/W12/#2100

④ https://aclweb.org/anthology/W/W12/#2100

媒体中的语言研讨会（LSM 2011）[①]

·国际万维网大会 2015 年理解微博的含义研讨会 [②]

·国际万维网大会 2014 年理解微博的含义研讨会 [③]

·国际万维网大会 2013 年理解微博的含义研讨会 [④]

·国际万维网大会 2012 年理解微博的含义研讨会 [⑤]

·扩展语义网会议 2011 年理解微博的含义研讨会 [⑥]

·国际计算语言学大会 2014 年社交媒体中的自然语言处理研讨会（SocialNLP）[⑦]

·自然语言处理国际联合会议社交媒体中的自然语言处理研讨会（SocialNLP）[⑧]

本书将会引用很多例如 ACL（计算语言学协会）、WWW（国际万维网大会）等会议的文献，及以上提到的研讨会文献、书籍和相关刊物文献。

1.4　社交媒体语义分析

我们的目标是侧重于自然语言处理应用（例如观点挖掘、信息提取、摘要和机器翻译）、工具和方法的创新，以整合各个领

---

①　https://aclweb.org/anthology/W/W11/#0700

②　http://www.scc.lancs.ac.uk/microposts2015/

③　http://www.scc.lancs.ac.uk/microposts2014/

④　http://oak.dcs.shef.ac.uk/msm2013/

⑤　htpp://ceur-ws.org/Vol-838/

⑥　htpp://ceur-ws.org/Vol-718/

⑦　https://sites.google.com/site/socialnlp/2nd-socialnlp-workshop

⑧　https://sites.google.com/site/socialnlp/1st-socialnlp-workshop

域适当的语言信息，如医疗保健、安全和国防、商业智能和政治等领域的社交媒体监测。

下面介绍本书的内容安排。

第一章：强调了对使用社交媒体消息和元数据应用的需求，讨论了相比传统文本（如新闻文章和科技文献），处理社交媒体数据遇到的困难。

第二章：讨论现有的语言预处理工具（如分词器、词性标注器、语法分析器和命名实体识别器），主要关注它们对社交媒体数据的适应性，并简要讨论这些工具的评估指标。

第三章：本书的核心。与社交媒体分析学、信息提取和文本分类方法相结合，本章呈现社交网络文本语义分析应用及其方法。侧重的任务有：地理位置检测、实体链接、观点挖掘和情感分析、情绪和心情分析、事件和话题检测、摘要、机器翻译和其他任务。为了提取下一个处理阶段所需要的信息，倾向于用第二章提到的工具预处理文本。还会讨论每个任务的评估指标和现有的测试数据集。

第四章：该章呈现第三章所介绍方法的更高级应用。关注点有：医疗保健应用、金融应用、预测投票意向、媒体监测、安全和国防应用、基于自然语言处理的社交媒体信息可视化、灾难响应应用、基于自然语言处理的用户建模和娱乐应用。

第五章：该章是上述章节内容的补充，包括社交媒体中数据的采集和标注、社交媒体的隐私问题、垃圾邮件监测等。为了评价为完成不同任务而采集和标注的数据的可信度，还会介绍一些现有的评估基准。

第六章：总结前面章节描述的方法和应用。根据社交媒体分析终端用户的需求，讨论并总结该项研究的巨大潜力。

正如前言提到的，本书的读者对象是有兴趣开发社交媒体文本自动分析工具和应用的研究人员，因此本书假设读者已经拥有自然语言处理、机器学习、计算机科学等领域基础知识。尽管如此，我们还是尽可能多地给出了所提概念的定义，以便于这两个领域的初学者能够更好地理解。本书还假设读者具有计算机科学基础知识。

1.5　总结

本章回顾了社交网络的结构和网页文本信息集成的社交媒体数据。在社交媒体中提出的语义分析，是大数据分析和智能应用面临的新机遇。社交媒体监测和对用户持续产生的文本数据流的分析，是获取有价值信息的新方向，这些信息无法从传统媒体和报纸上获得。另外还提到了由于社交媒体数据规模巨大、充满噪声，且具有动态和非结构化特性，导致社交媒体数据处理存在多种挑战。

第二章

社交媒体文本语言预处理

2.1 导论

本章讨论当下自然语言处理（NLP）中适用于社交媒体文本的语言预处理方法和工具。我们调研了适用于这种文本的方法，简要定义了用于每种类型工具的评估措施，以便能够阐述最先进的结果。

总体来说，自然语言处理的评估可以通过以下几种方法实施：

· 人工处理，通过人工判断每个工具的输出结果。

· 自动处理，人工提前在测试数据上标注预期的解决方案。

· 基于任务，在任务中使用工具并评估它们对任务的贡献。

这里我们主要关注第二种方法。第二种方法最为方便，因为它允许在改变／改进方法后重复自动评估工具，并且允许在相同的测试数据上比较不同的工具。当然，在人为判断标注数据时应当谨慎，至少应该有两个在标注的内容和方式上被给予适当指示的标注者，同时标注相同的数据。两个或者更多的标注者之间应该有合理的一致率以确保标注结果的质量。当有不同意见时，可以通过投票解决分歧（三个以上的奇数个标注者），或者让标注者在达成协议之前进行讨论（两个或以上的偶数个标注者）直到达成一致意见。在报告标注者内部达成的一致意见时，还需要报告 KAppa 统计量，以抵消达成一致的偶然性 [Artstein and Poesio, 2008, Carletta, 1996]。

自然语言处理工具经常使用有监督机器学习，训练数据通常根据评估人员的判断进行标注。在这种情况下，一般选取一部分标注数据进行测试，并使用剩余的标注数据来训练模型。本书讨论的很多方法是使用机器学习算法进行文本自动分类，因此我们在这里只给出简要介绍。例如，Witten and Frank [2005] 讨论的是算法细节，Sebastiani [2002] 讨论的是如何将它们应用到文本数据中。

有监督的文本分类模型把输入 x 预测成类别 c，其中 x 是从文档 d 中提取的特征值的向量。类别 c 从一组指定类别中选取两个或更多可能的类别（或者是连续的数值，在此情况下，分类器被称为回归模型）。训练数据包含提供了类别的文档向量。分类器使用训练数据学习特征或特征组合之间的关联，这些特征与其中一个类有很强的关联，与其他类却没有关联。通过这种方式，未来训练模型可以预测未知的测试数据。在这方面目前已有很多分类算法，我们列举了在自然语言处理任务中最流行的三个分类器。

决策树一次处理一个特征，计算类与类之间的区分度并在树的上部用最有区分度的特征建立决策树。这种模型很容易被理解和接受，所以应用非常广泛。朴素贝叶斯是一种学习特征和类别关联概率的分类器。选择使用这些模型是因为它们在文本数据中的应用效果很好（2.8.1 节将会详细说明）。支持向量机（Support Vector Machines, SVM）通过计算出一个超平面来将两个类分开，它们能使用所谓的核函数（kernel）将数据映射到线性可分的高维特征空间，从而有效地进行非线性分类 [Cortes and Vapnik, 1995]。SVM 是常用的分类器之一，在许多分类任务中性能良好。

一个序列标记模型可以看作是一个分类模型，但是与传统的模型有本质的不同，因为它不是每次处理单个输入 x 和单个标签 c，而是基于输入序列 $x=(x_1, x_2, \cdots x_n)$ 和先前的步骤来预测标签序列 $c=(c_1, c_2, \cdots c_n)$。序列标记模型成功地应用于自然语言处理（连续数据，例如前文讨论过的词性标注序列）和生物信息学（DNA 序列）。序列标注模型还有很多，例如隐马尔科夫模型（HMM）[Baum and Petrie, 1966]、条件随机场（CRF）[Lafferty et al., 2001] 和最大熵马尔科夫模型（MEMM）[Berger et al., 1996]。

本章剩余部分的安排是：2.2 节讨论使自然处理工具适用于社交媒体文本的通用方法，接下来用 4 节内容讨论自然语言处理工具，包括分词器、词性标注器、语块分析器和语法分析器、命名实体识别器，同时阐述它们各自的适配技术。2.7 节列举了适用于英文社交媒体文本的现有工具包，2.8 节讨论了社交媒体中的多语言问题和语言识别问题，2.9 节总结本章。

2.2 自然语言处理工具的通用适配技术

自然语言处理工具十分重要，因为在构建任何旨在理解文本或者从文本中提取有用信息的应用程序之前，都需要使用自然语言处理工具。现在已经有许多自然语言处理工具可以使用，其处理的文本的精确度达到了可接受水平。由于这些文本（通常是报纸文本）的广泛可用性，大多数工具都是在这些仔细编辑过的文本上进行训练。例如，包含450万个美式英语单词的宾州树库[Marcus et al., 1993]，被人工标注了词性标签和语法分析树，它是用于训练词性标注器和语法分析器的主要资源。

现有的自然语言处理工具在社交媒体文本上的效果不佳，因为社交媒体文本不规范，没有经过仔细编辑，并且包含语法错误、拼写错误、新型缩写和表情符号等，这和用于自然语言处理工具训练的文本有较大的区别。因此这些工具需要优化改造，以便在社交媒体文本处理方面达到合理的性能。

表2.1展示了推特消息的3个例子，摘自Ritter et al., [2011]，这些例子仅仅是为了表明推特文本的复杂性（包含了许多噪声）。

表 2.1　推特文本的 3 个例子

序号	例句
1	The Hobbit has FINALLY started filming! I cannot wait!
2	@c@ Yess! Yess! It's official Nintendo announced today that they Will release the Nintendo 3DS in north America march 27 for $250
3	Government confirms blast n #nuclear plants n #japan...don't knw wht s gona happen nw...

通常有两个途径让自然语言处理工具适用于社交媒体文本的处理。第一个是进行文本标准化，使得不规范语言更接近自然语言处理工具的规范训练文本。第二个是使用工具在标注的社交媒体文本上重新训练自然语言处理模型。实际应用中可以考虑结合

上述两种方法以达到预期效果，因为上述两种方法都有局限性（将在下文讨论，详情参见 [Eisenstein, 2013b]）。

2.2.1 文本标准化

文本标准化是克服或者减少语言噪声的一种解决方案。文本标准化分为两个步骤：第一，在输入文本中识别拼写错误；第二，纠正识别出的错误。标准化方法通常包括使用一本已知包含正确拼写的术语的词典以及根据该词典检测单词"登录词"或"未登录词"（out-of-vocabulary，OOV）。标准化可以是基本的或者是更高级的。基本标准化是指处理在词性（POS）标注阶段检测到的错误，例如未登录词及拼写错误。高级标准化则更加灵活，以弱监督的自动方法在外部数据集上训练（标注词块而非词块所在的句子或校验过的形式）。

社交媒体文本标准化的效果有限。由于其非正式性和对话性，社交媒体文本通常不会经过认真编辑。手机短信服务的文本也存在类似的问题，为了节约打字时间，人们常常使用简短的形式和缩写。根据 Derczynski et al. [2013b] 的说法，推特消息文本标准化对命名实体识别任务的帮助并不大。

将推特文本标准化为传统书面语不仅困难[Han and Baldwin, 2011]，而且被视作"有损"翻译任务。例如，推特的很多独特的语言现象不仅是因为其非正式的特性，还有作者的普遍年轻化，以及不同的民族语言、方言等非标准英语被大量使用 [Eisenstein, 2013a, Eisenstein et al., 2011]。

Demir [2016] 描述了一种上下文定制的文本规范化方法。这种方法考虑标准词和非标准词之间的语境和词汇的相似性，以便减少噪声。如果存在可能的共享上下文，则给定句子中输入上下文中的非标准词汇被定制为直接匹配。形态解析器用于分析每个句子中的所有单词。用来评估系统性能的文本来自土耳其的社交媒体文本，该数据集包含推文（约 11GB）和规范的土耳其文（约 6GB），该系统在 715 份土耳其推文上取得了最先进的成果。

Akhtar et al. [2015] 提出了一种将推文标准化的混合方法。该方法分两个步骤进行：第一个步骤是检测噪声文本，第二个步骤是使用各种基于启发式的规则进行标准化。研究人员训练了一个监督学习模型，使用 3 倍交叉验证来确定最佳特征集。图 2.1 为该方法的示意图。他们的系统在测试数据集上分别产生了 0.90、0.72 和 0.80 的精确率、召回率和 F-measure。

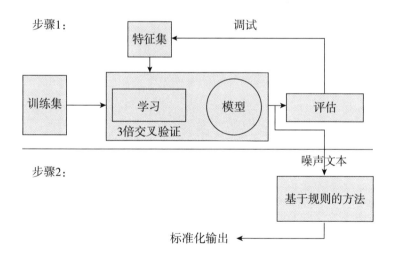

图 2.1　推文标准化的方法。水平线将两个步骤分隔开来（检测将要进行标准化的文本并应用标准化规则）[Akhtar et al., 2015]

大多数实际应用都采用更简单的方法，即"一刀切"的方法，将非标准单词替换为相应的标准单词。Baldwin and Li [2015] 设计了一种使用标准化编辑的分类法，研究人员在 3 个不同的下游应用中评估了该方法：依赖解析、命名实体识别和文本到语音合成。标准化编辑的分类法如图 2.2 所示。该方法按照 3 个粒度级别对编辑进行分类，其结果表明：该分类法的针对性应用是标准化的有效方法。

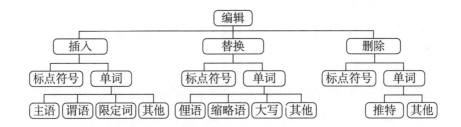

图 2.2　标准化编辑的分类法 [Baldwin and Li, 2015]

2.2.2　社交媒体文本的 NLP 工具再训练

如果有标注过的训练数据可用，则重新训练社交媒体文本的 NLP 工具相对容易。一般来说，将工具适配到特定领域或特定类型的文本，需要为该文本生成标注的训练数据。收集所需种类的文本很容易，但是标注它可能是一个困难且费时的过程。

现在可以获得一些标注过的社交媒体数据，但是数量不多。一些 NLP 工具已经在新标注的数据上进行过再训练，为了有足够大的训练集，有时候也保留原有的报纸文本标注数据。另外一种方法是在少量标注过的社交媒体文本之外，再使用无监督的训练模式在未标注的社交媒体文本上进行训练。

另一个问题是使用什么样的社交媒体数据进行训练。似乎推文比博文或者论坛消息更加难以处理，因为推文限制为 140 个字，其中有更多缩写词和单词省略形式以及更多的简化语法。因此，训练数据应包括多种社交媒体文本，当然，专门针对特定社交媒体文本设计的 NLP 工具除外。

后面将会介绍各种工具可以完成的任务，并且讨论将这些工具适用于社交媒体文本的各种技术。

2.3　分词器

处理文本的第一步是从标点符号和其他符号中分离出单词，这里用到的工具叫作分词器。空格是一个表示单词分离的很好的标识（某些语言不适用，如中文），但是光靠空格还不够。什么是一个单词？这个问题并不简单。在做语料库分析的时候，有些字符串是明确的单词，但是有些字符串并不明确。大多数情况下，标点符号需要从单词中分离，但是一些缩写可能包含标点符号。例如，"We bought Apples,oranges,etc."，逗号显然要从单词 Apples 和 oranges 中分离，但是点号是缩写 "etc." 的一部分。这种情况下，点号也表示句子结束（两个点号省略成一个）。还有其他问题，比如：怎么处理数字（如果它们包含逗号和点号，这些数字符号不应该被分离）、怎么处理缩略词（如 don't，可能会把它们扩展为 do 和 not）。

虽然分词通常由两个子任务（句子边界检测和标记边界检测）组成，EmpiriST 共享任务[①]提供了句子边界，参与团队只需检测标记边界。对分词任务来说，缺少空白字符是其面对的主要挑战。

---

① https://sites.google.com/site/empirist2015/

表 2.2 显示了一些正确的分词例子。

表 2.2　分词的例子

	（1）	（2）	（3）
Raw	pdf?"<-Wenn	schriftq.Äquivalent	v.14.4
Tokenized	pdf␣?␣"␣<-␣Wenn	schriftq.␣Äquivalent	v.␣14.␣4

1. 分词器的工作方法

Horsmann and Zesch[2016] 评估了一种处理标记边界的方法，由三个步骤组成。首先，研究人员根据空白字符分割文本。然后，使用常用表达式对从特殊字符序列（如明喻）中的标点符号中分割字母、数字和文本片段的方法进行改进。最后，重新组合这些标点符号的序列。他们使用训练数据将最常见的字符组合合并为单个标记，并使用单词列表将缩写与其后的点字符合并。他们还使用更多的领域内训练数据来提高实验的准确性。

2. 分词器的评估指标

准确率是评估一个分词工具所做决策正确程度的简单指标，分词工具效果通常用精确率和召回率表示。单词识别的精确率表示所有分割出来的单词中正确单词的比率。召回率评估覆盖面（表示所有被检索到的单词占应该被检索出来的单词的比率）。当只需要一个返回数字时，通常会给出 F-measure（或者 F-score）。F-measure 是精确率和召回率的调和平均数，只有当精确率和召回率都很高时它的值才很高[1]。分词器很少给出评估指标，一个特例就是 CleanEval 共享任务 [Baroni et al., 2008]，它的侧

---

[1]　F-score 通常给予精确率和召回率同样的权重，但当应用程序需要时，它可以对其中一个指标加权。

重点是从网页中分离文本。

很多自然语言处理项目不关注它们使用的分词器类型，而关注更高级别的处理。但是，分词效果的好坏会对后续处理任务的结果会产生很大的影响。例如 Fokkens et al. [2013] 从以前的工作中复制了两个高级任务，它们使用相同的设置、不同的分词器，获得了非常不同的结果。

3. 适用于社交媒体文本的分词器

分词器需要处理社交媒体文本的具体问题，其中表情符号需要被检测为分词。对推文来说，用户名（以 @ 开始）、主题标签（以 # 开始）和 URLs（链接到网页）应该以不分离标点和其他符号的方式分离。在这一阶段，一些简单的标准化很有用。Derczynski et al. [2013b] 在推特数据上测试了一个分词器，它的 F-measure 在 80% 左右。使用为推文特别设计的常规表达方式，F-measure 能提高到 96%。[O'Connor et al., 2010] 使用了更多相关表达方式。

2.4 词性标注器

词性标注器（Part-of-speech, POS）用于判定句子中每个单词的词性，标注名词、动词、形容词、副词、感叹词、连词等。实践中经常使用更细粒度的标注集，例如单数名词、复数名词、专有名词等。存在很多不同的标注集，最普遍的标注集之一就是宾州树库标注集[①][Marcus et al., 1993]，参见表 2.3。嵌入在词性标注器中的模型是以隐马尔科夫模型 [Baum and Petrie,

---

① http://www.comp.leeds.ac.uk/ccalas/tagsets/upenn.html

1966]、条件随机场 [Lafferty et al, 2001] 等为基础的，它们通常十分复杂。它们需要标注过的训练数据来学习模型的概率和其他参数。

1. 词性标注器的工作方法

Horsmann and Zesch [2016] 使用 FlexTag 标注器 [Zesch and Horsmann, 2016] 训 练 了 CRF 分 类 器 [Lafferty et al., 2001]。在该方法中有两个适应，第一个是一般领域适应。研究者应用了一种领域适应策略——他们称其为竞争模型——来提高标注社交媒体文本的准确性。为了训练这个模型，他们使用 EmpiriST 共享任务中的 CMC 和 Web 语料库子集和 Tiger 语料库中含 100 000 个单词的新闻稿文本。第二个适应专门针对 EmpiriST 共同任务。由于一些 POS 标签太稀少，无法从训练数据中学习，研究人员使用了启发式的后处理步骤。这一步骤涉及使用正则表达式以及维基百科和 Wiktionary 的单词列表来改进命名实体识别和不区分大小写匹配。从较大的 Tiger 语料库中选择标签引入了偏倚，因此研究人员将布尔特征添加到了他们的模型中。

2. 词性标注器的评估指标

标注的准确率是指正确标注的单词数量占标注的单词总量的比例。

3. 适用于社交媒体文本的词性标注器

词性标注器需要再训练才能用于社交媒体文本标注。为了适用于社交媒体文本，词性标注器的标签集必须扩展，在常规动词、名词、形容词等词性之外增加一些自定义的词性。Ritteret al. [2011] 使用宾州树库标注集（见表 2.3）标注了 800 条推文，并且为推特附加了一些新的标注属性：转发、@ 用户名、# 主题标签和 URLs。这些类别里的单词能用简单常规的表达式标注，并且准确率很高，但是标注器再训练时仍然需要把它们作为特征（如作为前一个要标注的单词的标签）。Ritter et al., [2011] 的研究中，词性标注的准确率从报纸文本的 97% 下降到 800 条推文的 80%。这是斯坦福词性标注器报告的结果 [Toutanova et al., 2003]。基于 CRF（条件随机场）分类器和未登录词（OOV，即词汇表之外的词）聚类的 T-POS 词性标注器，在处理推特数据上性能也较差（准确率为 81%）。通过在推特标注数据上（数量相对小很多）再训练 T-POS 标注器，准确率可以提高到 85%。在宾州树库训练数据中增加推特数据，并且增加 40 000 个与推特数据风格类似的 IRC（互联网中继聊天）[Forsyth and Martell, 2007] 标注数据时，准确率最高提升到了 88%。在另外一部分推特数据集上，Derczynski et al. [2013b] 也取得了类似的结果。

表 2.3　宾州树库标注集

序号	标记	解释
1	CC	并列连词
2	CD	基数
3	DT	限定词
4	EX	存在型 there
5	FW	外文单词

（续表）

序号	标记	解释
6	IN	介词或从属连词
7	JJ	形容词
8	JJR	形容词，比较级
9	JJS	形容词，最高级
10	LS	列表标记项
11	MD	情态动词
12	NN	名词，可数或不可数
13	NNS	名词，复数
14	NNP	专有名词，单数
15	NNPS	专有名词，复数
16	PDT	前位限定词
17	POS	所有格结束词
18	PRP	人称代名词
19	PRP$	物主代词，所有格代名词
20	RB	副词
21	RBR	副词，比较级
22	RBS	副词，最高级
23	RP	小品词
24	SYM	符号
25	TO	To
26	UH	感叹词
27	VB	动词，基本形态

（续表）

序号	标记	解释
28	VBD	动词，过去式
29	VBG	动词，动名词/现在分词
30	VBN	动词，过去分词
31	VBP	动词，非第三人称单数现在式
32	VBZ	动词，第三人称单数现在式
33	WDT	wh-限定词
34	WP	wh-代词
35	WP$	所有格 wh-代词
36	WRB	wh-副词

词性标注器在推特数据上准确率下降的一个关键原因，是推文中的未登录词远多于普通语法文本。很多未登录词来自拼写变化，例如，表 2.1 中例 3 单词 n 表示 in 的用法。专有名词（NNP）标签是未登录词最常见的标签，但实际只有 1/3 是专有名词。

Gimpel et al. [2011] 为推特开发了新的更粗粒度的词性标注集（见表 2.4），而且特别重视标点符号、表情符号和推特专用标签（@用户名、#标签、URLs）。他们人工标注了 1 827 条推文，利用面向推文的特征集来训练词性标注模型。实验结果显示，训练后，词性标注准确率达到了 90%。Owoputiet al. [2013] 使用词聚类技术来完善词性标注模型，并且用较好的推文和聊天消息数据集来训练词性标注器。[①]

---

① 此数据集见于 http://code.google.com/p/ark-tweet-nlp/downloads/list。

表 2.4 [Gimpel et al., 2011] 词性标注集

标记	词性名称
N	名词
O	代词（人称代词 / wh-代词，非限定性）
^	专有名词
S	名词性词的所有格
Z	专有名词所有格
V	动词，包括系动词和助动词
L	名词性词 + 动词（如 I'm），动词 + 名词性词（如 let's）
M	专有名词 + 动词
A	形容词
R	副词
!	感叹词
D	限定词
P	前置 / 后置词，或从属连词
&	并列连词
T	动词 – 小品词
X	存在型 there，前位限定词
Y	存在型 there/ 前位限定词 + 动词
#	井号（#）标签（指示推文的话题或类别）
@	@ 提及（指示接收推文的用户）
~	话语标记语，在多个推文中的延续指征
U	URL 地址或电子邮件地址
E	表情符号

（续表）

标记	词性名称
$	数词
,	标点符号
G	其他缩略词、外文单词、所有格结束词、符号、无用的数据

2.5　语块分析器和语法分析器

语块分析器通过判定每个短语的起点和终点来检测名词短语、动词短语、形容词短语和副词短语。语块分析器通常被称为浅层语法分析器，因为它在检测整个句子的语法结构时，不需要把短语连接起来。

语法分析器对句子进行句法分析，通常会产生一个解析树，该解析树将会在后续语义分析或者信息提取等处理阶段使用。

依存语法分析器提取存在句法依存关系而非解析树中的单词对，这种依存关系可以是动词—主语、动词—宾语和名词—修饰语等。

1. 语块分析器和语法分析器的评估指标

帕斯瓦尔评估活动 [Harrison et al., 1991] 提出了把语法分析器产生的短语结构①和标记语料库（树库）中的同类项进行比较的方法。计算匹配的语法结构数量 M 与语法分析器返回的同类项数量 P 的比值（表达为精确率 M/P），或匹配的语法结构数量 M 与标记语料库的同类项数量 C 的比值（表达为召回率

_____

① 短语结构是指在线性化树形结构中的一对匹配的左、右括号组成的结构。

M/C），语法分析器通常给出它们的调和平均数 F-measure。另外，每个句子中交叉同类项的平均数也可以给出，用来记录语法分析器中同类项序列与树库中同类项的重叠数目（重叠数目可能是 0）。

对于语块分析来说，准确度可以表示每个块中标注的正确性（块级准确率），或者是每个块中单个符号的准确性（符号级准确率）。前者更加严格，因为它不认可仅部分正确但不完整的语块，例如一个或多个太短或者太长的单词。

2. 适用于社交媒体的语法分析器

语法分析器在社交媒体文本分析上效果不佳。Foster et al. [2011] 测试了四个依存语法分析器，结果显示其 F-score 在报纸文本处理上达到 90%，而在社交媒体文本处理上下降到了 70% ~ 80%（推特数据上 70%，论坛文本上 80%）。如果利用少量（1 000 句）经过人工语法校对的社交媒体数据和大量未标注的社交媒体数据再训练语法分析器，其性能则提高到了 80% ~ 83%。Ovrelid and Skjærholt [2012] 的研究也表明从报纸数据到推特数据，依存语法分析器标注准确率有所下降。

Ritter et al. [2011] 也探索推特数据的浅层语法分析和名词短语语块分析。推文使用 Open NLP 语块分析器的符号级浅层语法分析的准确率为 83%，使用浅层语法分析器 T-chunk 的准确率为 87%。两者都是在一个少量推特标注数据加上 2000 年自然语言学习会议（Conference on Natural Language Learning, CoNLL）共享任务数据上进行的再训练 [Tjong Kim Sang and Buchholz, 2000]。

Khan et al. [2013] 给出了语法分析器对社交媒体文本和其他种类网页文本的适应实验报告，结果表明文本标准化能够提高语法分析器几个百分点的准确率，基于语法比较的树修正器对提高语法分析器的性能也有一定帮助。为了处理 929 条推文，基于最近标注的推特树库开发了称为 TweeboParser[①] 的依存语法分析器，它使用了表 2.4 中 Gimpel et al. [2011] 的词性标注集。表 2.5 展示了该推文语法分析器的输出结果："They say you are what you eat, but it's Friday and I don't care! #TGIF (@Ogalo Crows Nest)http://t.co/l3uLuKGk:"。

表 2.5　TweeboParser 语法分析的推文例子

ID	词形 / 标点符号	粗粒度 词性标注	细粒度 词性标注	当前符号 的头部	依存关系
1	They	O	O	2	—
2	say	V	V	9	CONJ
3	you	O	O	4	—
4	are	V	V	2	—
5	what	O	O	7	—
6	you	O	O	7	—
7	eat	V	V	4	—
8	,	,	,	−1	—
9	but	&	&	0	—
10	it's	L	L	9	CONJ
11	Friday	^	^	10	—

---

① http://www.ark.cs.cmu.edu/TweetNLP/#tweeboparser_tweebank

（续表）

ID	词形/标点符号	粗粒度词性标注	细粒度词性标注	当前符号的头部	依存关系
12	and	&	&	0	—
13	O	O	O	14	—
14	don't	V	V	12	CONJ
15	care	V	V	14	—
16	!	,	,	−1	—
17	#TGIF	#	#	−1	—
18	{@	P	P	0	—
19	Ogalo	^	^	21	MWE
20	Crows	^	^	21	MWE
21	Nest	^	^	18	—
22	)	,	,	−1	—
23	http://t.co/13uLuKGk	U	U	−1	—

每一列分别表示：ID 是分词计数器，每个句子从 1 开始；FORM 是词形或者标点符号；CPOSTAG 是粗粒度词性标注，标注集取决于语言；POSTAG 是细粒度词性标注，标注集取决于语言，如果为空则与粗粒度词性标注相同；HEAD 是当前符号的头部，这也是一个 ID（−1 指示语法分析树中不包含这个词；有些树库中也使用 0 作为 ID）；DEPREL 是与 HEAD 的依存关系。

依存关系集取决于特定的语言。根据原始树库标注，依存关系可能是有意义的或者是简单的 ROOT。所以，对于这条推文，依存关系包括 MWE（多词表达）、CONJ（联合）和不同 ID 的词之间的其他关系，但是它们没有命名（可能是由于语法分析器训练的时候使用的训练数据有限）。斯坦福依存语法分析器的依存关系也包含在内，如果不命名它们，它们仍然会在表中，但是没有标签。

2.6　命名实体识别器

命名实体识别器（NER）检测文本中的名字、日期、金额和其他命名实体。NER 工具通过检测短语的边界来重点识别三类命名实体：人物、组织和地点。有一些其他类型的工具，可以在自然语言处理应用程序的早期阶段使用。其中一个例子就是共指消解工具，它用来检测代词所指的名词或者表示同一实体的不同名词短语。

事实上，NER 是一种语义任务，不是语言预处理任务，我们在这里介绍，是因为 NER 是本章讨论的很多自然语言处理工具的一部分。在 3.2 节和 3.3 节中，将结合越来越多的语义知识，在解决各个任务时更多地讨论特定种类的实体。

1. NER 方法

NER 包含两个子任务：检测实体（命名实体在句子中的起始和结束位置）和判定 / 分类实体类型。NER 中使用的方法基于每类实体的语法规则或基于统计方法。针对 NER 提出了半监督学习技术，在已有监督和半监督学习技术中，监督学习比较流行，尤其是用于序列学习的基于 CRFs 的监督学习。

人工制定的基于语法的系统通常精确率很高，但是这要以低召回率和经验丰富的计算机语言学家费时费力的工作为代价。最近监督学习技术被更多地应用，原因在于容易获取到标注训练数据集，大部分源于报纸文本，例如来自 MUC6、MUC 7、ACE①的数据和 the CoNLL 2003 英文 NER 数据集 [Tjong Kim Sang and De Meulder, 2003]。

Tkachenko et al.[2013] 描述了用于命名实体识别的监督学习方法。设计 NER 系统时，特征工程和学习算法选择是关键因素。可能的特征包括词引理、词性标签以及在某些字典中的出现，该字典对与分类任务相关的单词的特征属性进行编码。Tkachenko et al. [2013] 收录了形态学、词典、WordNet 和全球特征。对于他们的学习算法，研究人员选择了 CRFs，它具有连续性和处理大量特征的能力。如上所述，CRFs 广泛用于 NER 任务。对于爱沙尼亚语数据集，该系统生成了一个黄金标准的 NER 语料库，基于 CRF 的模型在该语料库上的总体 F1-score 为 0.87。

He and Sun [2017] 开发了基于深度神经网络（B-LSTM）的半监督学习模型。该系统将转换概率与深度学习相结合，直接根据 F-score 和标签的准确性来训练模型。研究人员使用了一个经过修改的带标签的语料库，通过 Peng and Dredze [2016] 为中国社交媒体的 NER 开发的数据修正了标签错误。他们在 NER 和名义提及任务上评估了他们的模型。NER 在 Peng and Dredze [2016] 数据集上产生了中国社交媒体方面的先进 NER 系统，他们的 B-LSTM 模型实现了 0.53 的 F-score。

---

① http://www.cs.technion.ac.il/~gabr/resources/data/ne_datasets.html

2. NER 的评估指标

可以针对序列级（整个文本）或者词级计算精确率、召回率和 F-measure。前者更加严格，因为每个长于一个单词的命名实体，必须有一个确切的开始和结束点。一旦命名实体被判定，将其按标签分类（例如人物、组织等）的准确率也能被计算出来。

3. 适用于社交媒体文本的命名实体识别技术

在长文本或者经过仔细编辑的文本上，命名实体识别方法通常有 85% ~ 90% 的准确率，但在推文上，它们的性能下降到 30% ~ 50%[Li et al., 2012a, Liu et al., 2012b, Ritter et al., 2011]。

Ritter et al. [2011] 指出斯坦福 NER 在推特数据上有 44% 的准确率。论文提出了基于标注过的隐狄利克雷分布（LDA）[1] 的社交媒体文本的新 NER 方法 [Ramage et al., 2009]，能够让他们的 T-Seg NER 系统达到 67% 的准确率。

Derczynski et al. [2013b] 指出，NER 的 F-score 性能从报纸文本上的 77% 下降到推特数据文本上的 60%，改进后提高到了 80%（使用 GATE 的 ANNIE NER 系统）[Cunningham et al., 2002]。报纸数据上命名识别的 F-score 指标是在 CoNLL 2003 英文 NER 数据集上计算的 [Tjong Kim Sang and De Meulder, 2003]，而社交媒体数据命名识别的 F-score 指标是在部分 Ritter 数据集上计算的 [Ritter et al., 2011]，Ritter 数据集

---

① 隐狄利克雷分布（LDA）是一种假设语料库隐藏主题的方法，对于每一个主题均可找出一些词语来描述它，并能给出相关概率。然后，对于每个文档，LDA 可以估计主题的概率分布。主题——词簇——没有名称，但是可以通过，例如，选择每个簇中最高概率词的方法来给出名称。

由共包含 34 000 个符号的 2 400 条推文构成。

微文本标准化已经引起重视，它是一种在执行词性标注和实体识别之前去除一些语言噪声的方法 [Derczynski et al., 2013a, Han and Baldwin, 2011]。一些研究重点针对推特数据提出命名实体识别算法，在推特数据上训练新的 CRF 模型 [Ritter et al., 2011]。

NER 工具可以检测不同种类的命名实体，或者侧重于一种。例如，Derczynski and Bontcheva [2014] 提出了检测人物实体的方法。第三章将会讨论检测其他特定种类实体的方法。NER 工具能检测实体、区分实体（当有多个同名的实体存在时）和共指消解（当有多种方式指代同一个实体时）。

2.7　现有英文自然语言处理工具包及其适应性

现在已经有很多为通用英语开发的自然语言处理工具，为其他语言开发的还很少。我们选择性地列出了一些适用于社交媒体文本的工具。尽管新工具正在开发和改进，当然也有其他工具，只是它们可能在社交媒体文本中作用不大。

下面简要介绍几个工具包，它们提供了一个工具合集，能在一系列从分词到命名实体识别或者更多的连续步骤中使用，也被称作工具套件。一些工具包也可以通过再训练以适用于社交媒体文本处理。

Standford CoreNLP 是用 Java 编写的英语自然语言处理工具包，包含分词、词性标注、命名实体识别、语法分析和共指消解，也有文本分类功能。①

Open NLP 包括分词、句子切分、词性标注、命名实体提取、语块分析、语法分析和共指消解，用 Java 实现。也包含最大熵和基于感知的机器学习算法。②

FreeLing 包含一些针对英语和其他语言的工具，功能包括文本分词、句子分割、形态学分析、语音编码、命名实体识别、词性标注、基于图表的浅层语法分析、基于规则的依存语法分析、名词共指消解等。③

NLTK 是用 Python 编写的文本处理库，用来做文本分类、分词、词干提取（stemming）、词性标注、语法分析和语义推理。④

GATE 包含多个用于不同语言处理任务的组件，如语法分析器、形态学、词性标注。它也包含信息检索工具，针对不同语言的信息提取组件和一些其他功能组件，其中信息提取系统（ANNIE）包含一个命名实体检测器。⑤

NLPTools 是一个用 PHP 写的自然语言处理库，面向文本分类、聚类、分词、词干提取（stemming）等⑥。

上述部分工具包在社交媒体文本上经过了再训练，例如 Derczynski et al. [2013b] 的斯坦福词性标注器和之前提到的 Ritter et al. [2001] 的 Open NLP 语块分析器。

---

① http://nlp.stanford.edu/downloads/

② http://opennlp.apache.org/

③ http://nlp.lsi.upc.edu/freeling/

④ http://nltk.org/

⑤ http://gate.ac.uk/

⑥ http://php-nlp-tools.com/

GATE 工具包完全适应社交媒体文本，一个新的称为 TwitIE[1] 的模块或者插件可用于推特文本的分词以及词性标注、名称实体识别等 [Derczynski et al., 2013a]。

另外有两个专门针对社交媒体文本开发的工具包：CMU 大学开发的 TweetNLP 工具和华盛顿大学（UW）开发的推特 NLP 工具。

TweetNLP 是针对推特文本的由 Java 开发的分词器和词性标注器 [Owoputi et al., 2013]，它包含训练数据（人工词性标注推文，上面提到过），一个基于网页的标注工具和来自未标注推文的层次化词汇聚类器。[2] 它也包含上面提到的 TweeboPraser。

华盛顿大学推特 NLP 工具 [Ritter et al., 2011] 包含词性标注工具和标注过的推特数据（上面提到过，见 2.4 节中适用于社交媒体文本的词性标注器）。[3]

其他一些针对英文的工具也在开发中，还有一些针对其他语言的工具已经应用或者可以应用于社交媒体文本。后者的开发更慢一些，因为为多种语言生成标注训练数据十分困难，但是在这方面也取得了一些进展，如已经由 Seddah et al. [2012] 开发的法语社交媒体文本树库。

2.8　社交媒体文本的多语性和适应性

社交媒体信息存在多种语言形式。一条消息也可以包含多种

---

① https://gate.ac.uk/wiki/twitie.html

② http://www.ark.cs.cmu.edu/TweetNLP/

③ https://github.com/aritter/twitter_nlp

语言，例如一部分是英语，另一部分是其他语言，我们称之为"语码切换"。如果有多语言处理工具的话，应该先进行语言识别，再使用特定语言处理工具进行后续处理。

2.8.1 语言识别

长文本的语言识别准确率非常高（98% ～ 99%），但是针对社交媒体文本需要改进，尤其像推文这样的短文本。

Derczynski et al. [2013b] 证明推特数据上语言识别的准确率会降低到 90% 左右，再训练可以达到 95% ～ 97% 的水平。只识别几种语言的识别工具，可以很轻松地做到这种提升，而可识别多种语言（接近 100 种）的工具在非正式短文本上很难再有进一步的提升。Lui and Baldwin [2014] 测试了 6 种语言识别工具，通过对其中 3 种进行多数投票获得推特数据的最佳语言识别结果，其 F-score 上升到了 0.89。

Barman et al. [2014] 展示了一个包含 Facebook 帖子和评论的新数据集，该数据集呈现了孟加拉语、英语和印地语之间的语码转换。研究人员使用这个数据集演示了一些初步的单词级语言识别实验。被调查的方法包括一个简单、无监督、基于字典的方法，带和不带上下文线索的有监督的词级分类，以及使用条件随机场的序列标签。初步结果证明了有监督分类和序列标签相比基于字典分类的优越性，上下文线索对于准确分类器是必要的。CRF 模型以 0.95 的 F-score 获得了最佳结果。

社交媒体的语言识别还需要进行大量的工作。推特是最受欢迎的研究对象，一些研究者在论文中专门处理推特的语言识别问题，有 Bergsma et al. [2012]、Carter et al. [2013]、Goldszmidt et al. [2013]、Mayer [2012] 和 Tromp and Pechenizkiy [2011]。Tromp and Pechenizkiy [2011] 提出了一种基于图的 n-gram 方法，在推文的处理上性能良好。Lui and Baldwin [2014] 特别关注现有文本语言识别工具处理推文时遇到的挑战，包括提出策略的有效性评估和评估数据获取。他们在推特数据上测试了一些现成的工具，包括最新采集的英语、日语、汉语的语料库。对推特数据进行简单清洗之前和之后（去除内容包括主题标签、提及、表情符号等）分别进行测试，测试结果显示，清洗之后提升很小。为了采集特定语言的语料库，Bergsma et al. [2012] 瞄准了不常用的语言，他们重点关注的 9 种语言（阿拉伯语、波斯语、乌尔都语、印地语、尼泊尔语、马拉地语、俄语、保加利亚语、乌克兰语）使用了 3 种不同的非拉丁文脚本：阿拉伯文、梵文和西里尔文，采用的是基于语言模型的语言识别方法。

大部分方法只使用文本消息，但是 Carter et al. [2013] 还尝试利用元数据，这是一种单独针对社交媒体的方法。他们定义了 5 个有助于语言识别的微博特征：博主的语言风格、附加的超链接内容、帖子中提到的其他用户的语言风格、标签的语言风格和被回复的原帖的语言风格。此外，他们提出以后依赖和后独立的方式结合先前的语言类概率的方法。来自 5 种语言（荷兰语、英语、法语、德语和西班牙语）的 1 000 个帖子的测试结果显示，该方法的准确率比基线提高了 5%，且后依赖的先验结合性能最好。

为更大范围研究社交媒体，Nguyen and Doğruöz [2013] 研究了一个荷兰语和土耳其语混合的 Web 论坛的语言识别。

Mayer [2012] 考虑了 eBay 用户之间私人消息的语言识别。

下面是一些语言识别工具：

· langid.py[1][Lui and Baldwin, 2012] 适用 97 种语言，并采用结合了多项式朴素贝叶斯分类器的多个来源的功能集。

· CLD2[2] 是嵌入 Chrome 网络浏览器[3] 的语言识别器，采用朴素贝叶斯分类器和特定脚本的分词策略。

· LangDetect[4] 是包含一系列标准化启发式算法的朴素贝叶斯分类器，使用无特征选择的基于字符 n-gram 的表示法。

· whatlang [Brown, 2013] 使用通过字符 n-gram 计算得到的带每个特征权重的向量空间模型。

· YALI[5] 使用一组通过词频选择得到的一组字节 n-gram 的相对频率来计算每个语言的分数。

· TextCat[6] 是 Cavnar and Trenkle [1994] 方法的实现，它使用一种通过字符 n-gram 计算得到的特定信息等级顺序统计量。

只有很少的可用工具直接在社交媒体数据上训练：

· LDIG[7] 是现有的面向推特消息的 Java 语言识别工具。它已经为 47 种语言预先训练了模型。它使用基于称为 tries 的数据

---

[1]　https://github.com/saffsd/langid.py

[2]　http://blog.mikemccandless.com/2011/10/accuracy-and-performance-of-googles.html

[3]　http://www.google.com/chrome

[4]　https://code.google.com/p/language-detection/

[5]　https://github.com/martin-majlis/YALI

[6]　http://odur.let.rug.nl/~vannoord/TextCat/

[7]　https://github.com/shuyo/ldig

结构的文档表示法。[①]

· MSR-LID [Goldszmidt et al., 2013] 是基于通过字符 n-gram 计算得出的等级顺序统计和斯皮尔曼系数来衡量相关性，推特训练数据是通过自助抽样法获得的。

下面是一些可以获取的有语言标注的社交媒体文本数据集：

· Tromp and Pechenizkiy [2011] 的数据集包含 9 066 条推特消息，这些消息用以下 6 种语言之一标注，有德语、英语、西班牙语、法语、意大利语和荷兰语。[②]

· Lui and Baldwin [2014] 的推特用户语言识别数据集[③]，它适用于英语、日语和汉语。

2.8.2　方言识别

有时候正确识别一种语言并不够，一个典型的例子是阿拉伯语。阿拉伯语是 22 个国家的官方语言，全球范围内有超过 3.5 亿人在使用。[④] 现代标准阿拉伯语（Modern Standard Arabic, MSA）是用于教育的阿拉伯语的书面形式，它也是官方沟通语言。阿拉伯语方言或者通俗语是阿拉伯语的口语变体，是阿拉伯人民的日常对话用语。总共存在 22 种阿拉伯方言。一些国家使用相同的方言，而在同一国家许多方言可能与现代标准阿拉伯语并重，阿拉伯人更喜欢使用自己当地的方言。最近，阿拉伯语方言和社

---

① http://en.wikipedia.org/wiki/Trie

② http://www.win.tue.nl/~mpechen/projects/smm/

③ http://people.eng.unimelb.edu.au/tbaldwin/data/lasm2014-twituser-v1.tgz

④ http://en.wikipedia.org/wiki/Geographic_distribution_of_Arabic#Population

交网站例如聊天室、微博、博客和论坛上出现的很多不同的阿拉伯书面用语越来越受关注，这些社交网站是情感分析和观点提取的研究目标。

Huang [2015] 向我们展示了一种用半监督式学习改进阿拉伯语方言分类的方法。他使用弱监督、强监督和无监督分类器的组合训练多个分类器。这些组合在两套测试装置上取得了显著和一致的改进。在强监督分类器上，方言分类准确率提高了 5%，而在较弱的监督分类器上提高了 20%。此外，应用改进的方言分类器构建 MSA 语言模型（LM）时，新模型缩小了 70%，而英文 – 阿拉伯文翻译质量的 BLEU 值提高了 0.6。

阿拉伯语方言（Arabic Dialects, AD）或者日常语言和现代标准阿拉伯语不同，尤其是在社交媒体的交流中。由于阿拉伯语方言众多，大多数阿拉伯社交媒体文本具有各种阿拉伯语的混合形式和变形，尤其是在现代标准阿拉伯语和阿拉伯语方言之间。

六大区域内使用的区域语言大致划分如下：埃及、黎凡特、海湾地区、伊拉克、马格里布和其他地区。

方言识别与语言识别问题密切相关。方言识别任务尝试从使用已知语言的相同字符组的一组文本中识别口语方言。

由于方言的相似性，方言识别比语言识别更加困难。用于语言识别的机器学习方法和语言模型也要适用于方言识别。

几个针对 MSA 的自然语言处理项目已经在开展中，但是阿拉伯语方言的研究还处于起步阶段 [Habash, 2010]。

在针对阿拉伯语进行社交媒体分析时，因为没有阿拉伯语方言的自然语言处理资源和工具，第一步就是识别方言，然后把方言转换为现代标准的阿拉伯语。之后，我们可以使用 MSA 的工具和资源。

Diab et al. [2010] 正在开展 COLABA 项目，该项目侧重 4 种方言：埃及、伊拉克、黎凡特和摩洛哥语方言，项目中使用了 BAMA 和 MAGEAD 形态学分析器，这是针对阿拉伯语方言博客构建语料资源和处理工具的重大努力。

下面简要介绍一些相关的 MSA 文本处理工具——BAMA、MAGED 和 MADA。

BAMA（Buckwalter Arabic Morphological Analyzer, Buckwalter 阿拉伯语形态分析器）提供 MAS 的形态学标注。BAMA 数据库包含 3 个阿拉伯语词干、复杂前缀和复杂后缀表，另外还有 3 个表用于控制前缀 – 词干、词干 – 后缀及前缀 – 后缀组合 [Buckwalter, 2004]。

MAGEAD 是阿拉伯语的形态学分析器和生成器，包括 MSA 和阿拉伯语口语方言。将 MAGEAD 修改后，用于分析地中海东部方言 [Habash and Rambow, 2006]。

MADA+TOKEN 是用于阿拉伯语形态分析和消除歧义的工具包，包括阿拉伯语分词、离散化、消除歧义、词性标注、词干提取和词形还原。MADA 通过使用支持向量机将模型分为 19 种加权形态特征，根据每个词的当前语境分析选出最好的结果。选出的分析结果包含完整的变音、词位、词汇和形态信息。TOKEN 采用 MADA 提供的信息，以多种可定制格式生成标记化输出。MADA 依赖 3 种资源：BAMA、SRILM 工具包和 SVMTools [Habash et al., 2009]。

回到阿拉伯语方言识别问题，这里给出一个更详细的带结果的例子。Sadat et al. [2014c] 使用社交媒体数据集的概率模型，提供阿拉伯语方言分类的框架。他们整合了两种语言识别的流行技术：字符 n-gram 马尔科夫语言模型和朴素贝叶斯分类器[①]。

马尔科夫模型计算从训练数据构建的给定语言模型中获取输入文本的概率 [Dunning, 1994]。这个模型使用下面等式计算一个句子 S 的概率 $P(S)$ 或者似然值：

$$P(w_1,w_2,...,w_n) = P(w_1)\prod_{i=2}^{n} P(w_i|w_1,...w_{i-1})\qquad(2.1)$$

序列 $(w_1,w_2,...,w_n)$ 代表句子 S 中的字符序列。$P(w_i|w_1,...w_{i-1})$ 代表序列字符 w_i 在给定序列 $(w_1,w_2,...,w_{i-1})$ 条件下出现的概率。

朴素贝叶斯分类器是一种简单的基于贝叶斯定理与强（朴素）独立假设的概率分类器。文本分类中，这个分类器把给定的文档 d 划分到预先定义好的多个类中最可能的类。分类器函数 f 通过最大化下面等式的概率把文档映射到分类（$f:D \to C$）[Peng and Schuurmans, 2003]：

$$P(c|d) = \frac{P(c) \times P(d|c)}{P(d)}\qquad(2.2)$$

d 和 c 分别表示文档和类别。在文本分类中，文档 d 可以用向量 T 表示，$d=(t_1,t_2,...,t_T)$。假设给定类别 c 的情况下，所有的属性 t_i 是独立的，我们能用下面的等式计算 $P(d|c)$：

---

① 在本节中，我们将详细描述朴素贝叶斯分类器的概念，因为这类分类器往往在文本数据上运行良好，并且在训练和测试方面效率都很高。

$$\operatorname*{argmax}_{c \in C} P(c|d) = \operatorname*{argmax}_{c \in C} P(c) \times \prod_{i=1}^{T} P(t_i|c) \qquad (2.3)$$

属性 t_i 可以是词汇术语、局部 n-gram、平均单词长度或者整体语法和语义属性 [Peng and Schuurmans, 2003]。

Sadat et al. [2014c] 做了一系列使用上述技术的实验，详细验证了社交媒体环境中不同条件下不同模型的性能。实验中使用的 18 种方言数据集是从论坛和博客中人工采集的。实验结果表明，基于字符二元模型的朴素贝叶斯分类器能识别 18 种不同的阿拉伯语方言，整体准确率达到 98%。

为了深入研究该问题，Sadat et al. [2014a] 应用 n-gram 马尔科夫语言模型和朴素贝叶斯分类器来对 18 种阿拉伯语方言进行分类。图 2.3 显示了 n-gram 马尔科夫语言模型的研究结果。

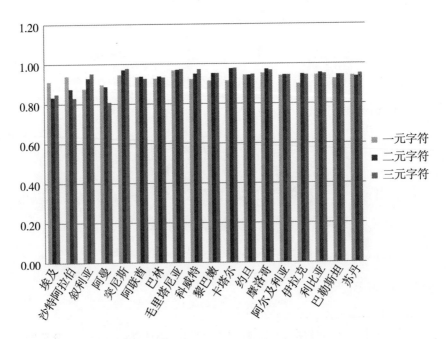

图 2.3　18 个国家基于字母的 n-gram 马尔科夫语言模型的准确率 [Sadat et al., 2014a]

由图 2.3 可知，基于字母的一元模型分布能够识别两种方言：毛里塔尼亚方言和摩洛哥方言，整体 F-measure 是 60%，整体准确率是 96%。两个字符词缀的二元模型分布有利于识别 4 种方言：毛里塔尼亚方言、摩洛哥方言、突尼斯方言和卡塔尔方言，整体 F-measure 是 70%，整体准确率为 97%。三个字符词缀的三元模型分布有助于识别 4 种方言: 毛尔塔尼亚方言、突尼斯方言、卡塔尔方言和科威特方言，整体 F-measure 是 73%，整体准确率为 98%。总之，对 18 种方言来说，二元模型的性能比其他模型(一元模型和三元模型) 要好。

由于一个区域可能使用多个非常相似的阿拉伯语方言，作者也考虑了方言群的准确率。图 2.4 显示了 3 种不同字符的 n-gram Markov 语言模型（一元模型、二元模型和三元模型 ）的结果，以及前文定义的六大区域群组内区域语言的分类情况。图 2.3 中，

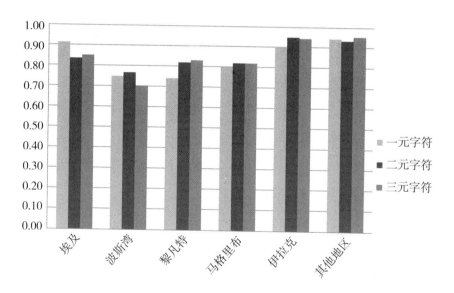

图 2.4　6 个群组基于字母的 n-gram 马尔科夫语言模型的准确率 [Sadat et al., 2014a]

二元和三元马尔科夫语言模型性能几乎相同，尽管方言群二元模型的 F-measure 比三元模型要高（埃及方言除外）。对所有方言来说，基于字符的二元语言模型性能比一元和三元语言模型总体来说要好。

图 2.5 展示了不同国家使用朴素贝叶斯分类器的 n-gram 模型的结果。图 2.6 展示了前文中六大群组使用朴素贝叶斯分类器的 n-gram 模型的结果。结果显示基于一元、二元、三元字符模型的朴素贝叶斯分类器比先前的基于一元、二元和三元字符的马尔科夫语言模型分别有更好的结果。18 种阿拉伯方言有整体 72% 的 F-measure 和 97% 的准确率。而且，基于二元模型的朴素贝叶斯分类器有整体 80% 的 F-measure 和 98% 的准确率，巴勒

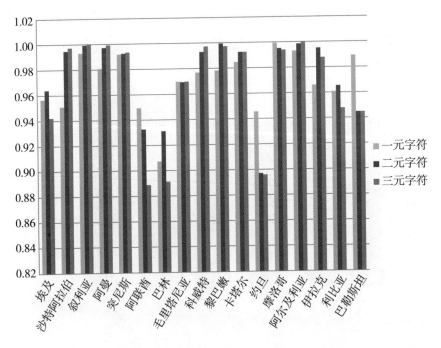

图 2.5　18 个国家（原版书图中未给出苏丹的数据）基于字母 n-gram 贝叶斯分类器的准确率 [Sadatet al., 2014a]

斯坦方言除外，因为这种方言的数据量较小。基于三元模型的朴素贝叶斯分类器有整体 78% 的 F-measure 和 98% 的准确率，巴勒斯坦和巴林方言除外。

分类器不能区分巴林和阿联酋方言，因为它们的三个词缀相似。另外，根据图 2.5 可知，基于二元字符的朴素贝叶斯分类器比基于三元字符的分类器的性能更好。另外，如图 2.6 所示，方言群组基于二元字符模型的贝叶斯分类器的准确率比其他两个模型（一元和三元模型）要高。

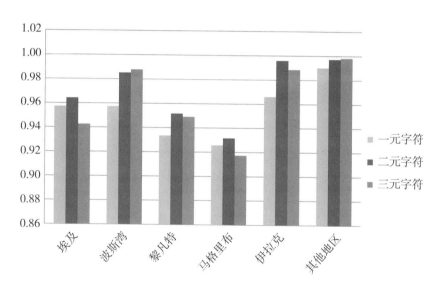

图 2.6　六大群组基于字母的 n-gram 贝叶斯分类器的准确率 [Sadat et al., 2014a]

近日，Zaidan and Callison-Burch [2014] 创建了一个庞大的单语言数据集，叫作阿拉伯语在线评论数据集（Arabic Online Commentary Dataset），该数据集含有大量阿拉伯方言内容。他们使用外包方式用方言标签标注文本。他们还使用相似词和基于字符的语言模型，对该数据集的方言进行自动分类实验。区分现代标准阿拉伯语和方言数据的最高准确率为 85%，准确识别方言的准确率较低。之后他们将分类器应用于从一个大型网络爬虫获得的数据中去发现新的方言，数据包括从在线阿拉伯报纸采集到的 350 万页的内容。

其他一些关注阿拉伯方言的项目有：分类 [Tillmann et al., 2014]、语码转换 [Elfardy and Diab, 2013]，以及一些方言的推特语料库采集 [Mubarak and Darwish, 2014]。

2.9 总结

这一章讨论了使自然语言处理工具适用于社交媒体文本的问题。为了使社交媒体文本更接近自然语言处理工具训练使用的经过仔细编辑的标准文本，需要使用文本标准化技术。实际上标准化能达到的效果相当有限，在提高工具性能上并没有太大的帮助。改进 NLP 工具的第二个方法是在标注过的社交媒体数据上再训练它们。这会极大地提高工具的性能，尽管可获得的再训练标注数据仍然相当少。为了得到更好的性能，社交媒体标注数据集的采集与标注工作还需要进一步开展。

下一章将介绍针对社交媒体文本的各种自然语言处理任务的高级方法，本章讨论的一些工具将作为组件应用到一些自然语言处理任务中。

第三章
社交媒体文本的语义分析

3.1　导论

　　本章将讨论当前社交媒体应用中的自然语言处理方法，这些方法旨在从社交媒体数据中提取有用的信息。这类应用的例子包括地理位置检测、观点挖掘、情绪分析、事件和话题检测、摘要、机器翻译等。我们调查了现有的技术，简要地定义了用于每个应用的评估指标，并附上评估结果的例子。

　　本章 3.2 节介绍地理位置检测技术。3.3 节讨论实体链接与消歧，其任务是在监测到的实体与数据库中已有实体之间建立相应的连接。3.4 节讨论了观点挖掘和情感分析的方法，包括情绪和心情分析。3.5 节介绍事件和话题检测。3.6 节强调在社交媒体自动摘要中出现的各种问题。3.7 节介绍统计机器翻译在社交媒体文本中的适用性。3.8 节总结本章。

3.2　地理位置检测

　　社交媒体语义分析中的一个重要主题，是根据社交内容（如博客或推文）识别其地理位置信息。这里的地理位置指的是世界上的实际位置，如一个区或一个城市，或由经度和纬度描述的一个点。对于市场营销而言，对个人或者有共同利益的群体进行事件定位的自动检测非常重要，同时对检测公众安全的潜在威胁也意义重大。

地理位置信息可以轻易地在社交网络服务注册时生成的用户配置文件上获取，但是由于含有隐私信息等原因，并不是所有用户都提供了正确与详细的位置信息。除了某些消息中可用的地理位置信息之外，还需要使用诸如从通信网络基础设施或文本内容推断位置的其他技术。当有多种消息证据来源时（地理标记如经度、纬度、位置名称或其他方式，基于内容的地理位置检测结果，以及来自网络基础设施的信息），将它们整合在一起综合考虑是十分有意义的。

3.2.1 将社交媒体信息映射到地图中

随着时间的推移，对推特对话进行映射，已成为社交媒体平台可视化事件相关对话的流行方式。在地图上，可视化推文最直接的方法是使用地理标注推文中的 GPS 地理信息。但拥有 GPS 地理信息的推文在整个推文中所占比例仅为 1% ~ 5%，造成小事件或发生在较小国家较少人谈论的事件的可视化效果不佳。

Heravi and Salawdeh [2015] 提出一种将推特对话映射到地图中，从而可视化推特中事件相关对话的方法。他们提出一个推文地理位置检测系统 Twiloc，该系统使用推文中各种特征预测推文最可能的地理位置。作为新闻工作的一部分，研究者使用 Twiloc 系统将推特中围绕爱尔兰—苏格兰欧洲资格赛的对话映射到地图中。Twiloc 可以对数据集中 70% 的推文生成地理参考信息，而（由用户生成的）原始有地理标记的推文只占 4.5%。他们进一步使用 Twiloc 对都柏林马拉松推文进行地理标注，并将结果与使用 CartoDB 推文地图对同一事件得出的结果进行比较。相较于 CartoDB，Twiloc 可以得到更多的地理参考信息，CartoDB 和 Twiloc 的各自结果为 60% 和 66.5%，总体而言，Twiloc 对推文集合的地理位置检测和标注结果令人满意。下一步需要对检测到的地理位置结果的质量进行测试和评估。

3.2.2　现有地理位置信息

信息正变得越来越地理化，因为所有数据的地理标记都变得更容易了。许多设备都内置了 GPS [Backs-trom et al., 2010]。Hecht et al. [2011] 的实验表明，绝大多数用户（64% 的地理定位推文）更喜欢提供市级的位置信息，州级位置信息成为第二选择。Stefanidis et al. [2013] 称，他们已经采集的推文信息中，大约 16% 有详细的位置信息（坐标），另外 45% 的位置信息显得有些粗略（例如，市级）。Cheng et al. [2010] 称，在他们的研究中，5% 的使用者提供了坐标级地理信息，另外 21% 的用户提供了市级地理信息。这个结果能引导研究界把研究方向放在下文讨论的技术上，作为改善从社交网络中识别事件和用户位置的替代方法。

3.2.3　基于网络基础设施的地理位置

地理位置信息可以用网络基础设施来推断。Poese et al.

[2011] 和 Eriksson et al. [2010] 提出使用 IP 地址的方法，他们使用地理位置数据库来连接 IP 地址和位置。多个数据库可用于 IP 模块和地理位置之间的映射。这一方法在国家级地理位置上通常是准确的，但在市级上的准确度就降低了很多。Poese et al. [2011] 表明上述数据库是不可靠的，理由是：

（1）数据库中绝大多数条目仅针对几个主流国家（例如美国），这造成了在数据库中 IP 模块所代表的国家的不平衡。

（2）这些条目并不总是反映 IP 模块的原始分配。Eriksson et al. [2010] 采用了朴素贝叶斯分类器，实现了基于多源 IP 映射的更高精度的位置预测。

3.2.4　基于社交网络结构的地理位置

还有一种基于用户的朋友列表（你的朋友在哪里，你就在哪里）或是"关注 – 被关注"关系定位用户地理位置的方法。通常情况下，用户更倾向于同更靠近自己的其他用户频繁互动，而且许多情况下，一个人的社交网络足以显示他们的位置 [Rout et al., 2013]。

Backstrom et al. [2010] 创建了第一个关于朋友之间距离分布规律的模型，之后他们使用该分布规律确定给定用户最可能的位置。该方法的缺点是它假定所有用户都有相同的朋友距离分布，也没有考虑每个区域的人口密度。

Rout et al. [2013] 表明，考虑人口密度将得到更精确的用户位置检测结果，他们也把用户在推特上的个人资料作为信息附加源来确定用户所在的区域。Hecht et al. [2011] 对用户如何设置社交网络中的位置字段进行了分析。

3.2.5　基于内容的位置检测

地理位置信息能够从推文、Facebook 和博文内容中推断出来，但这些内容中的位置名称频繁出现歧义的情况，使得这一工作充满挑战性。例如可能存在一些同名的城市，此时就需要一个消除歧义的模块。另一个层面的歧义是首先检测位置，这是为了不将地名与专有名词混淆。例如格鲁吉亚可以是一个人的名字，可以是美国一个州的名字，也可以是一个国家的名字。在社交媒体文本中，一个更大的挑战源自用户可能使用字母拼写不正确的名字和地点，这给命名实体识别（NER）带来了极大的困难。

正如第二章提到的，一些 NER 工具检测人、组织和地点等实体，因此，它们包含位置信息，但是它们并不针对详细的位置信息：位置是否是一个城市、一个省、州或县，以及一个国家等。当存在不止一个同名城市时，位置检测需要做更多的工作来消除位置歧义。

例如，不同的国家有很多名为 Ottawa 的城市。人口规模最大的是加拿大安大略省的渥太华市。同时，在美国不同的州也存在 3 个同名城市：伊利诺伊州的渥太华、堪萨斯州的渥太华、俄亥俄州的渥太华。还有一些其他名为渥太华的小地方：象牙海岸的一个城市、魁北克省的一个县、美国威斯康星州的一个小村庄、南非夸祖鲁－纳塔尔的渥太华。

判定文本中提到的同名位置并不容易，如果有确定该位置是国家或州/省的证据，可以根据这个信息做出判断。若没有的话，通常默认选择人口最大的城市，因为来自大城市的人们发布有关该地点的帖子的概率更大。

1. 查找位置指示性词语

Han et al.[2012] 介绍了一种通过特征选择查找和排列位置指示性词语（LIW）的方法。第一步，为了确定 LIWs 的统计"签名"，他们使用下列手动预先识别的种子集：

（1）主要在单个城市中使用本地词（表示为 1- 局部），即"yinz"（在匹兹堡用来指代当地人）、"dippy"（在匹兹堡用来指代一种煎鸡蛋的样式，或者可以浸在咖啡中的东西等）和"hoagie"（主要在费城使用，指的是一种三明治）。

（2）指代相对有限的城市子集的一些特征的半局部词（n- 局部），即"渡轮"（常见于西雅图、纽约和悉尼）、"唐人街"（常见于美国、加拿大和澳大利亚的许多大城市，但在欧洲和亚洲城市少得多）、"电车"（见于维也纳、墨尔本和布拉格）。

（3）预计不会有实质性区域频率变化的常用词语（通用词），即"推特""iPhone"和"今天"。

他们使用这一组 9 个词来实验性地激发这种特征选择方法，结果表明，基于信息增益比的方法在 LIW 选择方面优于其他方法，比现有最先进的地理定位预测方法的精度提高 10.6％，在 Roller et al. [2012] 的数据集上预测距离的误差平均值和中值分别减少 45 km 和 209 km（适用于城市级别而不是用户级别）。

2. 用户位置

检测用户物理位置和检测文本内容中提到的事件位置不同，但是当存在一些同名位置的时候，有一些相似的技术能用来消除位置的歧义。拥有推特账号的用户，能在其个人信息的位置字段上写任何东西，无论是完全正确的省 / 州和国家名，还是仅填写具体的城市名。有时候甚至能在这个字段发现各种各样的字符串或者错别字，同时也存在很多用户根本不填写位置的情况。

使用用户生成的社交媒体文本数据来预测位置的方法有多种。早期研究是由 Cheng et al. [2010] 提出的，他们首次提出学习每个单词位置分布的方法，然后根据推文中的单词推断用户在美国的城市级位置。具体来说，根据用户发布的所有推文 t，能得出用户来自城市 c 的后验概率为：

$$P(c|t) = \prod_{w \in t} P(c|w) \times P(w) \qquad (3.1)$$

其中，w 是用户推文中包含的一个单词。为了优化初始结果，他们使用了一些平滑技术，如拉普拉斯平滑、数据驱动地理平滑和基于模型的平滑。作者在研究工作中构建的数据集很大，包含 130 689 名用户的 4 124 960 条推文。

Eisenstein et al. [2010] 提出了一种主题模型方法，将推文当成两个潜在因子（主题和区域）生成的文件，并训练一个名为地理话题模型的只基于文本预测用户位置的系统。第一项分类任务是美国的州，第二项分类任务是美国的区域（东北、西北、东南、西南），第三项分类任务是经纬度数值。和 Cheng et al. [2010] 相似，该模型也需要获得地区词分布技术的支持。模型预测的位置与实际位置（用户声明）的平均距离是 900 千米，与别的数据集相比，该模型使用的数据集相对较小，包含美国境内相邻的多个州（不包括夏威夷、阿拉斯加和所有海上领土）中 9 500 名用户发布的 380 000 条推文，并基于用户提供的地理坐标自动标注。这一数据集目前已经开放①，并被许多研究者使用。

Roller et al. [2012] 使用 K 近邻分类器②的变种，将地球的地理表面分成网格，然后为每个网格建立一个伪文件。测试文件位置是基于最相似的伪文件来确定的。该实验数据集已开源③，而且规模较大（用 429 694 名用户的推文来训练，10 000 名用户来验证，10 000 名用户来测试）。另一类模型是 Priedhorsky et al. [2014] 提出的高斯混合模型（GMMs）。该方法在建立地理感知 n-grams 上和 Cheng et al. [2010] 相似。除了推文文本之外，也使用诸如用户时区信息来预测用户位置。

Han et al. [2014] 研究了一系列特征选择方法来获得位置指示单词，评估无地理标记推文、语言和用户发布的元数据对地理位置预测的影响。Liu and Inkpen [2015] 为相同的任务提出了深度神经网络结构，他们建立了三个模型（一个用来预测美国各州，一个用来预测美国区域，一个用来预测经纬度数值），同时在 Eisenstein 数据集和 Roller 数据集上进行了测试，其性能接近目前的最优结果。

除了推文外，在其他种类的社交媒体数据上，Popescu and Grefenstette [2010] 提出了分析与 Flickr 图片相关的文本元数据方法，这些数据中蕴含了用户的位置与性别信息。Backstrom

---

① http://www.ark.cs.cmu.edu/GeoTwitter

② 一种机器学习算法，它计算一个新的测试文档的 k 个最相似的训练数据点，并分配给该文档这 k 个最相似数据中出现次数最多的分类。

③ https://github.com/utcompling/textgrounder/wiki/RollerEtAl_EMNLP2012

et al. [2010] 介绍了通过分析用户社交网络预测 Facebook 用户位置的算法。Wing and Baldridge [2014] 使用来自推特、维基百科和 Flickr 的数据，将逻辑回归模型应用到网格节点层次（和 Roller et al. [2012] 使用的网格相同）。

3. 位置提及

检测一则消息提及的全部位置信息，不同于检测每个用户的位置。这些被提及的位置信息可能涉及用户家庭所在地附近的位置，或是他们外出经过的位置，或是世界上任何地区的事件发生地。检测消息提及位置的方法和 NER 使用方法相似，其中最成功的方法是使用机器学习技术，例如使用 CRF 分类器来检测代表位置的单词序列。使用这种方法时，地名词典和其他类型的词典或者地理资源扮演了很重要的角色，它们可能包含一系列的位置信息：城市、州 / 省 / 县、国家、河流、山脉等。当检测位置的时候，城市编码、州或者省等的缩写以及位置的可能拼写（例如，Los Angeles—L.A.—LA）也需要考虑。

处理这种信息的一种非常有用的资源是 GeoNames[①]——一个覆盖所有国家、包含超过八百万地名的数据集，其中有国家、城市、山脉、湖泊等众多信息，而且该资源可以免费下载。另一种可获得的开放资源是 OpenStreetMap[②]，人们可以在该数据集中添加新的位置，它提供的位置资源（含有缩写）可以用于任何用途。它的主要优势是：有可能在地图上展示所有被检测到的位置信息。

---

① http://www.geonames.org/

② http://www.openstreetmap.org

当检测文本中提到的位置表达的时候，序列分类技术（例如
CRF）是最有用的。Inkpen et al. [2015] 提出了提取文本提及
位置的方法，并在它们存在另一个专有名词或常见名词，抑或多
个同名位置时消除歧义。这是命名实体识别的子任务，但该子任
务更注重地理信息在文本中出现的位置，以便于将它们按城市、
省 / 州或者国家来分类。作者标注了 6 000 条推特消息并以此构
建了数据集 ①。初始标注是通过查阅 GATE [Cunningham et al.,
2002] 中的地名词典完成的，之后两位标注人员通过人工标注，
添加、纠正和去除错误位置信息。通过对 1 000 条样本消息的测量，
得知两位标注人员所标数据间的 kappa 系数是 0.88。图 3.1 展示
了标注推文的例子。

Mon Jun 24 23:52:31 +0000 2013
<location locType='city', trueLoc='22321'>Seguin </location>
<location locType='SP', trueLoc='12'>Tx </location>
RT himawari0127i: #RETWEET#TEAMFAIRYROSE #TMW #TFBJP
#500aday #ANDROID #JP #FF #Yes #No #RT #ipadgames #TAF #NEW
#TRU #TLA #THF 51

图 3.1 真实位置标注的例子 [Inkpen et al., 2015]

在这些工作完成之后，CRF 分类器用不同特征集（例如词袋、
地名索引、词性和上下文特征）完成训练，从而能够检测到声明
位置信息的文本跨度。下一阶段，作者使用消歧规则以防检测到
的提及位置被关联到多个同名地理位置。

另一个用位置表达标注的社交媒体数据集是由 Liu et al.
[2014] 生成的，它包含不同种类的社交媒体数据：500 条博客、

---

① https://github.com/rex911/locdet

500 条 YouTube 评论、500 条论坛消息、1 000 条推特消息和 500 篇英文维基百科文章 [1]。标注的地理位置表达比较宽泛，并没有区分位置信息的类型或者标注精确的地理位置。

3.2.6　地理位置检测的评估指标

对于用户位置，分类集合可以是固定的（例如州和区域），这种情况下，经常会给出分类的准确率。当预测经纬度的时候，作为预测误差指标，预测位置和实际位置的距离经常是千米级或者英里级 [Eisenstein et al., 2010]。

对于文本中提及的位置，位置集是开放的，任务是对由一个或多个连续词语表示的位置进行信息提取。提及位置检测的评估指标是提取位置的精确率（找到的位置中多少是正确的）、召回率（提及的位置中多少是检索到的），以及结合两者的F-measure。这些指标经常在文本级别（检测表达中是否有单词缺失或多余单词）或符号级别（检测标准更宽松）的测量中被用到。对于匹配地点短语到实际地点，经常使用准确率这一指标 [Inkpen et al., 2015]。

结果

基于每个用户的推文来预测用户位置，Cheng et al. [2010] 的最佳模型成功地达到了 51% 的准确率（距实际位置不到 160 千米），平均误差距离是 861.907 千米。Eisenstein et al. [2010] 研究发现，在来自 9 500 名用户的 380 000 条推文数据集上（20%

---

① 该数据见于 http://people.eng.unimelb.edu.au/tbaldwin/etc/locexp-locweb2014.tgz。

的数据集用作测试集合，剩下的用作训练和开发），州级别的准确率是 24%，区域级别的准确率是 58%。在相同的测试集上，Liu and Inkpen [2015] 得到州级别的准确率是 34%，区域级别的准确率是 61%。大部分引用上述用户位置检测方法的文献给出的结果都很相似。

为了进一步做比较，本书展示了两个数据集上用户位置检测的详细结果。Eisenstein et al. [2010] 数据集的结果如表 3.1 所示。Liu and Inkpen [2015] 的 DeepNN 模型给出了最好的结果，区域分类和州分类准确率分别是 61.1% 和 34.8%。在所有使用同样数据集的先前工作中，只有 Eisenstein et al. [2010] 给出了他们模型的分类准确率。我们很惊喜地发现基于 SVM 和朴素贝叶斯的简单模型性能很好。

表 3.1 Eisenstein 数据集上用户位置检测分类准确率 [Liu and Inkpen, 2015]

模型	准确率（%）（4 个区域）	准确率（%）（49 个州）
Geo topic 模型 [Eisenstein et al., 2010]	58.0	24.0
DeepNN 模型 [Liu and Inkpen, 2015]	**61.1**	**34.8**
朴素贝叶斯	54.8	30.1
SVM（支持向量机）	56.4	27.5

表 3.2 展示了在相同数据集训练的不同模型的平均误差距离。表 3.3 比较了 Roller 数据集上不同模型的结果。Han et al. [2014] 的模型包含广泛的特征工程，比其他模型的性能更好。DeepNN 模型尽管有计算限制，但是使用了少量特征，也比 Roller et al. [2012] 的结果更好。

表 3.2　Eisenstein 数据集上预测的平均误差距离 [Liu and Inkpen, 2015]

模型	平均误差距离（km）
[Liu and Inkpen, 2015]	**855.9**
[Priedhorsky et al., 2014]	870.0
[Roller et al., 2012]	897.0
[Eisenstein et al., 2010]	900.0

表 3.3　Roller 数据集上的用户位置预测结果 [Liu and Inkpen, 2015]

模型	平均误差（km）	中值误差（km）	准确率（%）
[Roller et al., 2012]	860	463	34.6
[Han et al., 2014]	−	260	45.0
[Liu and Inkpen, 2015]	733	377	24.2

　　检测每条消息提及的位置时，在 6 000 条推文的数据集（交叉验证）上，Inkpen et al.[2015] 得到的城市名称在文本级别的 F-measure 大约是 0.8，州 / 省市是 0.9，国家名称的结果类似。市级结果如表 3.4 所示，由于名字的多样性与重复性，这一级别的检测任务是最困难的。

　　表 3.4 显示了由不同特征集（地名词典、词袋、词性和窗口特征）训练的 CRF 分类器在词级别和文本级别的精确率、召回率和 F-measure。从中可以看到，添加更多特定种类的特征会优化结果。当使用 6 000 条推文的数据集（70% 的数据用于训练，剩余 30% 的数据用于测试）进行交叉验证时，也得到了相似的结果。对于地图上与地点短语相对应的确切地理位置，准确率高达 98%（这一数值通过评估没有歧义的物理位置测试数据小样本而

得出）。Liu et al. [2014] 给出了提取通用位置表达式的结果。我们在这个数据集上评估了现有的 NER 工具（仅用于位置），结果准确率相当低（F-measure 为 0.30 ~ 0.42）。

表 3.4 在不同城市特征上训练的分类器性能 [Inkpen et al., 2015]

特征	符号			文本			独立测试集	
	精确率	召回率	F-measure	精确率	召回率	F-measure	符号级别 F-measure	文本级别 F-measure
基线 – 地名词典匹配（Baseline-Gazatteer Matching）	0.14	0.71	0.23	0.13	0.68	0.22	–	–
基线 – 词袋（Baseline-BOW）	0.91	0.59	0.71	0.87	0.56	0.68	0.70	0.68
词袋 + 词性	0.87	0.60	0.71	0.84	0.55	0.66	0.71	0.68
词袋 + 地名	0.84	0.77	0.80	0.81	0.75	0.78	0.78	0.75
词袋 + 窗口特征	0.87	0.71	0.78	0.85	0.69	0.76	0.77	0.77
词袋 + 词性 + 地名	0.85	**0.78**	0.71	0.82	**0.75**	0.78	0.79	0.77
词袋 + 窗口特征 + 地名	**0.91**	0.76	0.82	**0.89**	0.74	**0.81**	**0.82**	0.81
词袋 + 词性 + 窗口特征	0.82	0.76	0.79	0.80	**0.75**	0.77	0.80	0.79

（续表）

特征	符号			文本			独立测试集	
	精确率	召回率	F-measure	精确率	召回率	F-measure	符号级别F-measure	文本级别F-measure
词袋＋词性＋窗口特征＋地名	0.89	0.77	**0.83**	0.87	**0.75**	**0.81**	0.81	**0.82**

3.3 实体链接和消歧

在先前的内容中，我们已经讨论了侧重于社交媒体文本提到的不同种类位置的判定、与真实位置消歧，以及判定用户位置的NER 任务的拓展。最早进行新闻事件命名实体识别与语义消歧工作研究之一的是 Cucerzan [2007]，他的工作是基于维基百科中提取出的信息完成的。在文本分析会议（TAC）上对知识库群体（KBP）（2009—2013 年）进行任务共享，以促进开发和评估对非结构化文本中的命名实体知识库进行构建和填充的技术。

从 2008 年 10 月起，英文维基百科的快照也被用作知识库。[①] 参考知识库中每个节点对应于维基百科页面中的人（PER）、组织（ORG）或地缘政治实体（GPE），并且由从维基百科信息框导出的预定义属性（"槽"）组成。来自维基百科页面的非结构化文本也可以在参考知识库中获得。

---

① http://www.nist.gov/tac/2013/KBP/

3.3.1 实体和链接数据检测

本小节我们讨论从社交媒体文本中抽取实体并消除歧义，将实体转换为链接数据实体的工作。链接数据是一个数据资源术语，是使用语义网标准而创造出来的。DBpedia、YAGO 和 BabelNet 是链接数据资源的例子。[①] 一个众包社区通过从维基百科中提取结构化信息生成 DBpedia，并在网上提供这些信息。它有助于简化复杂的维基百科查询，并将网上不同数据集合与维基百科数据进行链接。

YAGO[②] 是一个来源于维基百科、WordNet、GeoNames 等数据源的大规模语义知识库。当前 YAGO 拥有关于超过 1 000 万个实体（人物、组织、城市等）的知识，并包含与这些实体相关的超过 1.2 亿个事实。BabelNet[③] 既是一个多语种百科词典，包括术语词典和百科全书信息，同时也是一个大语义关系网中连接概念和命名实体的语义网络，由超过 1 300 万个条目组成，称为 Babel 同义词集。每个 Babel 同义词集代表一个特定含义，并包含一定范围内不同语种中表达该含义的所有同义词。

Linked Data Initiative 的主要目标之一是确保自动化系统可以使用结构化信息。它定义了网络中发布和关联结构化数据的最佳实践，用于解决经典 Web（Web 2.0）的关键性缺陷：缺乏内容结构、缺少面向应用的表达查询和内容处理。随着链接文档向

---

① http://dbpedia.org/About

② http://www.mpi-inf.mpg.de/departments/databases-and-information-systems/research/yago naga/yago/

③ http://babelnet.org/about

数据链接的转变，网络可以成为全球的数据空间。链接数据提供了一次机会，随着新数据源的发展，使获得完整答案成为可能。链接数据的关键特征是机器可读性、清晰的定义、与外部数据源相互关联的能力 [Bizer et al., 2009]。

链接数据存在的关键标准是包含 RDF（资源描述框架）格式的数据的文档。链接数据使用的两项关键技术是：统一资源标识符（URI）和超文本传输协议（HTTP）。URI 拥有更通用的概述能力，因此成为 URL 优选的实体识别机制。另外，以 RDF 格式表示的文档类似于一个由三元组、主题、谓词和对象表示的图模型，这个图模型反过来又类似于代表资源、主体与对象关系、资源相似表示的 URI。HTTP 被用作数据访问机制，RDF 是数据模型，它们能简化数据访问，分离数据表达和格式化。

构建数据网络的关键是词汇表：使用 RDFS（RDF 模式）[1]和 OWL（Web 本体语言）[2]表示的属性和类别集合。RDF 三元组可用于创建词汇之间类别和属性的链接。OWL 是一种语义网语言，用于表示事物、事物群体、事物关系之间的丰富和复杂的知识（由 W3C[3]在 2012 年定义）。RDFS 是 RDF 词汇表的扩展，用于提供数据模型词汇表（由 W3C 在 2014 年定义）。

在发布链接数据之前，重点是确定关键实体、属性以及它们之间的关系。这些一旦被确定，必须使用 RDF 和其他相关数据资源发布信息。发布过程中，几个关键步骤可以确定：选择或创

---

[1] http://www.w3.org/TR/rdf-schema/

[2] http://www.w3.org/2001/sw/wiki/OWL

[3] http://www.w3.org/

建一个词汇表；使用 URI 识别每一页和实体，进而将数据有意义地划分为几页，而非在一页中发布所有内容；向每一页中加入元数据；创建语义站点地图。

　　一些在线工具可用于识别文本中的命名实体，并将实体与链接数据资源进行关联。虽然可以通过 API 和网络接口使用这些工具，但这些工具使用不同的数据资源和方法识别命名实体，同时不是所有工具都是这个情况。命名实体识别的关键任务之一是消歧——从多个同名实体中识别正确的实体，比如"苹果"同时代表苹果公司和水果。Hakimov et al.[2012] 开发了一个名为 NERSO（Named Entity Recongnition Using Semantic Open Data，基于开放语义数据的命名实体识别）的工具来自动提取、消歧命名实体，并将实体关联到 DBpedia 实体。他们的消歧方法是基于构建关联数据实体的图形和使用基于图形的中心算法给它们分配权值。

　　有人试图将微博信息（通常是推文）映射到百科文章 [Lösch and Müller, 2011] 或其他链接数据上。大多数方法是基于链接数据的语义网络开展的，通过在语义网络中匹配消息文本，使用图处理技术完成消歧。Ferragina and Scaiella [2010] 提出一种用维基百科注释短文本片段的系统。Hakimov et al. [2012] 同样使用链接数据和基于图的中心性得分来完成实体识别和消歧工作。Meij et al. [2012] 通过将微博帖子链接到相似百科资源中，向微博帖子添加语义信息。Dlugolinský et al. [2014] 通过集成多类命名实体识别方法从微博中抽取概念。Bellaachia and Al-Dhelaan [2014] 使用基于图的方法从消息中提取关键短语。Prapula et al.

[2014] 通过检测一段时间（从实体产生）内特定实体相关推文流片段，并提供包括情感得分、各时段推文频率的可视化信息来自动检测与实体有关的重大事件。

Moro et al. [2014] 通过粗略识别候选含义，同时结合一个选择高相干语义解释的最密集子图启发法，提出一种基于图的统一方法来进行命名实体链接、对普通名词进行消歧。他们的方法有3个步骤：

（1）为参考语义网络的每个节点自动创建语义特征，即相关概念和命名实体。

（2）无限制识别所有可能文本片段的候选含义。

（3）基于高相干最密集子图算法的链接。

他们的 Babelfy[①] 系统使用 BabelNet 作为链接数据资源。Gella et al. [2014] 关注针对推特消息的词义消歧。

Derczynskiet al. [2014] 对包括 YODIE、DBpedia Spotlight、Zemanta、TextRazor 在内的多类命名实体链接（NEL）系统进行比较。研究人员在 182 个微博文本中生成了包含 177 个实体提及的语料库。在所有以上系统的评测中，YODIE 效果最佳，F-Score 值为 0.45。研究者提出，微博文本（处理）面临的主要挑战源于长度短、内容含噪、缺乏上下文、多语种四个方面。尽管如此，研究者认为高效预处理是提升 NEL 处理微博文本性能的关键。

Dredzeet al. [2016] 试图构建一个社交媒体语料库。为解决跨文本指代消解问题，跨文本指代消解是与消歧紧密相关的问题，

---

① http://babelfy.org

但缺乏与实体链接的知识库。使用推特流 API，研究者获取格莱美颁奖典礼（格莱美奖）当天的推文。通过处理这些推文，研究者提炼出一个语料库，语料库中包含大量格莱美和特定人物的相关标签。最终的推文集合包括 15 736 条推文。研究者随机选择 5 000 条推文用于标注。

通过使用语料库，研究者尝试使用 Green 和 Phylo 的跨文本指代消解模型。在 Green 模型中，拥有不相似提及字符串的实体被标记为不能关联。在这一约束下，通过层次聚类对实体进行消歧。Phylo 模型通过传感器（transducers）学习多组名称变体，然后尝试将预测的术语关联为彼此的变体。在测试中，Green 模型的性能优于 Phylo 模型。

3.3.2　实体链接的评估指标

由于实体关联任务是一项信息提取任务，所以其最常用的评估指标是精确率、召回率、F-measure 和准确率。

结果

对于这项任务，Moro et al. [2014] 给出了两个数据集上的结果，这两个数据集是：

（1）KORE50 [Hoffart et al., 2012]，包含 50 句英文短句（平均长度 14 词），总共有 144 处使用 YAGO2 人工标注的注释，也可以使用维基百科进行关联映射。这个数据集是基于测试实体链接任务中高度模糊的实体关联而建立的。

（2）AIDA-CoNLL6 [Hoffart et al., 2011] 包含 1 392 篇英文文章，分为开发、训练、测试数据集，共有约 35 000 个用 YAGO 概念标注的命名实体。

Moro et al. [2014] 的系统和一些水平最先进的系统在第一个数据集上的准确率高达 71%，在第二个数据集上高达 82%，但是这些数据并不是社交媒体文本。Microposts 系列研讨会上的共享任务提供了推特实体注释数据，供参与者测试其实体关联方法。由于该共享任务较困难，获得的结果也相对较少。

3.4　观点挖掘和情绪分析

3.4.1　情感分析

人们内心的想法是信息的一个重要组成部分。在现实生活中，这种重要性会体现在向一个朋友推荐一名牙医，或者写一封申请工作的介绍信中 [Liu, 2012, Pang and Lee, 2008]。在社交媒体平台上，如网络日志、社交博客、微博、维基百科和论坛，人们可以轻松地表达和分享他们的观点。需要这些信息做决策的人，可以通过平台获取这些意见和观点。从很简单的事情到很严重的问题，这些决策的复杂性有所不同，小到选择不同的餐厅、午餐或购买智能手机，大到在议会上批准法律，甚至是公安人员监控公共安全这样的关键性决策。

社交媒体上每天都有大量的信息交换，用传统的技术来监控显得力不从心。目前有一些研究旨在提供足够智能的自动化工具，来提取指定文本中作者的观点。这种通过文本处理来鉴别和提取主观信息的方式称为情感分析，也称观点挖掘。[①] 情感分析的

---

① 术语情感分析和观点挖掘往往可以互换使用，但它们之间存在细微差别。观点是一种信念，而情感是一种感觉。

基本目标是确定文档的整体极性：正面、负面或中立 [Pang and Lee, 2008]。这种极性的幅度也会被考虑，就像 1 ~ 5 星的电影评价一样。对于人来说，情感分析本身不是一件容易的事，有时候两个人对于给定文本也有不同的理解，因此设计算法来实现情感分析是一件很困难的任务，尤其是文本变短的时候。另一个挑战是把关于一个目标实体的所有观点综合起来，但是通常的情况是，每个目标实体都有很多不同的方面。用户可以在某个方面提出一些积极的意见，而对其他方面提出负面观点（例如，用户可以认为一个宾馆的地理位置好而服务质量差）。其中，Popescu and Etzioni [2005] 等提出了从产品评论提取针对产品的观点的方法。

一些大公司在这方面存在巨大的需求，因此大部分研究都集中在对产品的评价上，旨在预测评论是否具有好或坏的意见。当然也有一些研究在调查非正式的社交互动。从社会科学的角度来看，非正式的社交互动提供了公众对于很多话题的意见的更多线索。例如，曾有过一个基于歌曲、博客和总统演说来衡量幸福水平的情感分析研究 [Dodds and Danforth, 2010]。在这项研究中，年龄和地域差异因素也在幸福指数的分析范围内。

社会关注点之一是发生重大事件时社会互动的巨大变化，这些变化可以通过与事件有关的术语频率的急剧增加来检测。有研究表示，这些可识别的变化有助于发现新事件并确定其对公众的重要性 [Thelwall et al., 2011]。

虽然社会互动分析和产品评论分析是相似的，但是这两个领域之间也存在许多差异：

（1）上下文的长度不同（产品的意见分析比典型的社交互动更长）。

（2）在社交互动中，主题是不定的，而产品评价的主题是已知的。

（3）社交媒体文本中有很多非正式拼写，且应用了大量的缩写。

此外，在非正式的社交互动中，没有明确的标准存在，然而，元数据（如评分和点赞/点踩）经常和商品评论一起出现[Paltoglou and Thelwall, 2012]。

当我们把典型的观点挖掘和情感分析技术应用到社交媒体时，会面临很多挑战 [Maynard et al., 2012]。像推文这样的微博就很具有挑战性，因为它们不包含太多的上下文信息，并具有太多隐含信息。歧义是一个特殊的问题，因为我们不能轻易利用指代信息。与博客文章和评论不同，推文通常不遵循对话流程，更加孤立于其他推文，同时也表现出更多的语言多变性，往往比篇幅较长的文章有更弱的语法性，包含非标准的大写字母，并频繁使用表情符号、缩写和主题标签，这些是语义的重要组成部分。通常情况下，推文还含有大量讽刺和挖苦的意思，这是很难被机器检测出来的。另一方面，它们的主题往往更明确，通常一篇推文只有一个主题。

情感分析项目经常把推特作为研究目标，以研究公众情感是如何被社会、政治、文化和经济活动影响的。Guerra et al. [2014]指出，推特用户倾向于反馈更多积极的观点而非消极观点，反馈更多极端的观点而非中性的观点。这对搜集的训练数据有一定影响，因为不平衡的数据对于分类任务来说更加困难。

　　在一个共享项目 SemEval 2013（推特情感分析）中，研究者们建立了一个基准数据集。[①] 这个数据集大约包含 8 000 篇标有注释的博文：积极、消极、中立和客观的（无观点）。该共享项目有两个子任务。假设一条消息包含一个做了标记的例子，这个例子是一个单词或者短语：任务 A 的目标是确定在语境中这个例子是正面的、负面的还是中性的；任务 B 的目标是对这条信息表达的观点进行分类：正面、负面或中性。如果一条信息同时表达正面和负面的情感，需要选择更强的情感。同样，有一些信息被注释为客观的，其表达事实的同时不包含主观意见。这里有一个被标注的信息的例子，它包括消息 ID、用户 ID、话题、标签，这条消息的文本是这样的：

　　100032373000896513 15486118 lady gaga "positive" Wow!! Lady Gaga is actually at the Britney Spears Femme Fatale Concert tonight!!! She still listens to her music!!!! WOW!!!

　　SemEval 2014[②]、2015[③] 和 2016[④] 中发布了更多的版本和数据集，它们实现了许许多多的子任务（表达级别任务、消息级别任务、主题相关任务、趋势预测任务和关于术语的先验极性任务）。

　　情感分析使用的方法基于对标注数据的学习，或者对正面和负面术语的计数。有人提出用混合系统解决相关问题。研究者们列出了许多积极和消极的词汇，但它们覆盖面仍很有限。此

---

① http://www.cs.york.ac.uk/semeval-2013/task2/

② http://alt.qcri.org/semeval2014/task9/

③ http://alt.qcri.org/semeval2015/task10/

④ http://alt.qcri.org/semeval2016/task4/

外，一些单词在上下文或不同的领域中有截然不同的含义。下面是一些正面或负面词汇的列表，我们把它们称为极性词典：评价词词典 [Stone et al., 1962]、the MPQA 极性词典 [Wiebe et al., 2005]、SentiWordNet [Baccianella et al., 2010]、Bing Liu 极性词典 [Hu and Liu, 2004] 和 LIWC（Linguistic Inquiry and Word Count），语言查询和字数统计 [Pennebaker et al., 2007]。这些词语强度水平也可以在一些资源中找到。这些词典可以直接用在计算极性词个数的方法中（然后根据一些公式选择极性对应的最大值作为文本的极性，可能对文本的长度进行了标准化处理），或者这些计数（值）可用作机器学习技术的特征值。这项任务很困难，因为词汇的极性会根据应用领域的不同而变化，甚至在同一个领域不同的上下文中也会有不同的含义 [Wilson et al., 2009]。使用这类词典的另一个缺点是，它们覆盖范围有限，但仍可作为基础，在这一基础上可加入特定领域的词汇及其极性。

Go et al. [2009] 做了侧重于推特消息情感分类的早期工作，他们根据查询词语，把消息分为正面的和负面的。如果消费者购买之前想调查产品的情感反馈，或者公司想监测他们品牌的公众情感，这很有用。他们通过远程监控，使用机器学习算法（朴素贝叶斯、最大熵和 SVM）来进行推特消息的情感分类。远程监控意味着训练数据是通过使用正面或者负面表情符号作为噪声标签自动采集的。这种训练数据很容易采集，但不是很可靠。Pak and Paroubek [2010b] 也从推特中自动采集了用于情感分析和观点挖掘的语料库，并建立了判定正面、负面和中立情感的分类器。

从早期的消费者评论研究开始，形容词被认为是在情感分

析中最重要的特征 [Hatzivassiloglou and McKeown, 1997]。
Mogha-ddam and Popowich [2010] 通过识别出现在评论中的形容词的极性来判定评论的极性。Pak and Paroubek [2010a] 研究了模糊的情感形容词，并提出在 SemEval 2010 的数据基础上进行实验，用以对文中模棱两可的形容词进行消歧。

在推特 SemEval 任务中，许多情感分析方法都基于机器学习方法，这些方法使用各种各样的特征，包括从简单（单词）到复杂的语言和情感相关特征。Mohammad et al. [2013] 使用带有如下特征的 SVM 分类器：n-grams、字符 n-grams、表情符号、主题标签、大写信息、词性、负面特征、单词聚类器和多词处理。在 2015 年的子任务中，与前两年相似，几乎所有的系统都使用监控学习。流行的机器学习方法包括 SVM、最大熵、CRFs 和线性回归。在一些子任务中，顶部系统使用深层神经网络和词嵌入，一些系统受益于正面和负面例子的特殊加权。最重要的特征是那些情感词典衍生出来的，其他重要特征包括词袋特征、主题标签、否定处理、词形、标点特征和长单词等。另外，推文预处理和标准化也是处理流程的重要组成部分 [Rosenthal et al., 2015]。

3.4.2　情绪分析

作为一种任务，情绪分析比观点分析更具体，因为它看起来是细粒度的情感类型。情绪检测的研究由 [Holzman and Pottenger, 2003] 和 [Rubin et al., 2004] 发起，他们在很小的数据集上研究情绪检测。最近，研究者把博客句子 [Aman and Szpakowicz, 2007] 和报纸头条 [StrApparava and Mihalcea,

2007] 分类成 Ekman [1992] 提出的 6 类情绪。Izard [1971] 将句子的情绪分为 9 类，[Neviarouskaya et al., 2009] 根据句型将句子进行情绪分类，[Alm et al., 2005] 将童话故事里的句子进行情绪分类。

究竟该使用多少情绪分类，当前并没有统一意见。Plutchik 在的情绪轮盘模型中提出了许多情绪，轮盘中的情绪都有一个与之对应的相反极性的情绪 [Plutchik and Kellerman, 1980]。Ekman 的 6 种情绪分类（幸福、生气、悲伤、恐惧、厌恶和惊喜）使用得更频繁，因为它们是有相关面部表情的 [Ekman, 1992]。

情绪分类使用的大部分方法是基于机器学习的，SVM 分类器往往能在这项任务（情绪分类）中获得最好的结果。也有基于规则的方法 [Neviarouskaya et al., 2009]。为了在分类中增加术语计数特征，情绪词典也被开发了出来，如 WordNetAffect [StrApparava and Valitutti, 2004] 和 ANEW (Affective Norms for English Words，英语词汇情感规范) [Bradley and Lang, 1999]。除了以上提到的正面 / 负面标签之外，LIWC 已经开始标注情绪单词了。Mohammad and Turney [2013] 通过众包的方式，采集了规模更大的情绪词典。

[Bollen et al., 2011] 提取了其他种类的情绪，包括紧张、抑郁、愤怒、活力、疲劳和困惑。该项研究结果表明，引起这些情绪的事件对公众心情在不同方面有显著、直接且十分具体的影响。Jung et al. [2006] 使用 ConceptNet [Liu and Singh, 2004] 的常识性知识，以及一张情感词汇列表 [Bradley and Lang, 1999] 来处理 4 种情绪类别（Ekman 的六大情绪的子集）。

在情绪分析工作中，社交媒体数据的工作侧重于博客和推文。Aman and Szpakowicz [2007] 把 SVM 分类器应用于以上提到的含注释博客句子的数据集，使用《罗热同义词词典》中的情绪词汇作为分类器的特征。[Ghazi et al., 2010] 把层次化分类器应用到相同的数据集上，把博客分类成中性和表达性情绪，后者又被分成正面和负面情绪，正面情绪大部分在"幸福"类中，剩下的则是负面情绪。惊讶可以是正面的情绪，也可以是负面的情绪（但是在该数据集中大部分是负面的）。在同样的任务中，句法依存特征也被检测出来 [Ghazi et al., 2014]。

对于推特上的数据，Mohammad and Kiritchenko [2014] 使用话题标签捕捉细粒度情绪分类。话题标签被用来标注数据，这会有得到噪声训练数据的风险。实验表明，在这种被称为远程监督的环境中，分类仍然是可能的。同样，Abdul-Mageed and Ungar [2017] 使用仔细选择的话题标签自动标记数据，为精细情绪检测构建了一个非常大的数据集。由于训练数据量足够大，他们能够训练能达到高精度的深度学习模型。

Nakov et al. [2016] 讨论名为"推特中的情感分析"的 SemEval 任务。这是这项任务的第四年。这个最新（2016 年）的任务包括 5 个子任务。子任务 A、C 和 D 预测推文具有积极、消极或中性的情绪。其余的子任务对研究人员提出挑战，需要他们将关于特定主题推文的情绪映射到一个五级量表。代表 25 个国家共 43 支参赛队参加了本次 SemEval-2017 任务 4。许多排名靠前的团队展示了深度学习的效果，包括卷积神经网络、递归神经网络和词嵌入等。以下是在这些任务中取得高排名的团队。

（1）Deriu et al. [2016]。他们的情感分类模型将远程监督与卷积神经网络相结合（推文由主题标签而非人工注释标记）。这个组合在 Twitter-2016 测试集上获得了 0.63（最高值）的 F-score。

（2）Palogiannidi et al. [2016]。采用语义 - 情感模型自适应的情感分析方法，使用了一个包含 116MB 句子的大型通用语料库。

（3）Balikas and Amini [2016]。提出两步法。第一步，为推特情感评估生成并验证了多种功能集。第二步，着重于优化不同子任务的评估指标。该方法包括特征提取、特征表示和特征转换，并在 5 个子任务中的 4 个中排名前十。

（4）Stojanovski et al. [2016]。运用深度学习架构，采用卷积和门控递归神经网络进行情感分析。他们的系统利用预处理、预先训练的词嵌入、卷积神经网络、门控递归神经网络和网络融合（跨网络共享层），并在二元、五级分类和量化子任务上取得第二名的平均排名。

一些研究人员集中于研究社交媒体数据的心情分类。心情和情绪相似，但是它们表达更短暂的状态。LiveJournal 是一个允许用户写出他们感受的网站，并允许用户用现有的 132 种心情之一来标记他们的博客文章，甚至可以创建新的心情标签。Mishne [2005] 采集了 LiveJournal 上带有心情标签的文章语料库，并应用 SVM 分类器把博客自动分类成 40 种最频繁的心情，使用了例如频数、长度、情感取向、强调单词和特殊符号等特征。Keshtkar and Inkpen [2012] 通过添加更多的情感取向特征，进一步调查了这个数据集。他们还提出了基于心情层次的层次化分类器（在层次结构的每个分支使用 SVM），并用 132 种心情进行了实验。由于132个类别很容易混淆（对人类和自动系统来说），为了得到更好的分类结果（可见表3.6），层次化分类方法是必不可少的。分类中使用的特征始于词袋特征，并增加了使用多极性词典计算的语义指向特征。

3.4.3　讽刺检测

在观点挖掘系统中，经常出现的一个问题是讽刺或挖苦的语句很容易欺骗这些系统。讽刺（irony）和挖苦（sarcasm）的区别非常微妙：讽刺可能是无意的，挖苦却是故意的。

一般来说，讽刺会自然地出现在语言和环境中，当出现与预期相反的情况或想法时，人们就会体验到讽刺的意味。从本质上讲，人不需要费尽心思去体验一个讽刺的情况或想法：讽刺可以自然地发生。而挖苦能使用讽刺的方式来对观念、人物或情况进行观察或评论。挖苦一般是想表达嘲笑、沉默或者保留想法，这就是挖苦比讽刺的用途更广的原因。对自动系统来说，它们之间的差异很难捕捉。从应用的角度来看，重要的是检测挖苦 / 讽刺的陈述，以将它们和真正的观点区分开来。

一些研究者主要使用分类的方法来尝试检测讽刺句，他们使用了 SVM 和其他分类器，测试了很多特征集。特征包括特定的标点符号（如感叹号）、推特特有的符号、句法信息和世界知识等。González-Ibáñez et al. [2011] 探索了词汇和语用特征，发现笑脸、皱眉和用户自定义特征是分类任务中最具辨别力的特征之一。他们也发现人类很难实施挖苦检测任务。Barbieri et al. [2014] 提出了旨在通过结构检测讽刺的词汇特征，这种方法需要统计意外情况、术语强度和风格之间的不平衡。Riloff et al. [2013] 只检测由正面情感和负面情境之间的反差所引起的讽刺消息。他们的自助抽样法获得了很多有关正面情感和负面活动与状态的短语表达。

用于检测讽刺的训练数据可以被手动标记或者自动获得。很多研究者会研究推特数据，并用收集带有 #sarcasm 标签的消息作为讽刺类的训练实例。对于负面分类，他们采集不包括这个主题标签的其他信息，但是这也不能保证一些讽刺信息被包括在非讽刺类中。理想的是，后者的样例可以进行人工检查，但是这很费时间，所以通常不这样做。为了减少标注训练数据的需求，Davidov et al. [2010] 提出了半监督方法。Lukin and Walker [2013] 也使用自助抽样法，但他们研究的是在线对话文本，不像先前的研究都集中于推特消息上。

3.4.4　观点和情绪分类的评估指标

观点和情绪分类的评估指标，通常是指观点和情绪分析的分类准确率（执行分类任务的时候）、精度、召回率和 F-measure。这能使分析员指出哪些分类对分类器来说很困难，可能是因为缺乏训练数据，或者数据质量差，或者仅仅因为有些分类甚至对于人类来说都容易混淆。当测量情绪强度的时候，分类能限定在一个范围内（例如 −10 到 +10），这种情况下，平均绝对误差（MAE）或者均方根误差（RMSE）可以用来计算误差幅度。MAE 测量一组预测误差的平均值，而不考虑它们的方向，这可以衡量连续变量的准确性。RMSE 是衡量误差平均值的二次方数。

结果

对于情感分析来说，推特消息分类的 SemEval 任务的测试集上最好的结果，是在消息级任务上达到 69% 的 F-measure 值，在术语级任务达到 88.9% 的 F-measure 值 [Mohammad et al., 2013]。Go et al. [2009] 称，他们通过远程监督采集的推特数据上的实验准确率高达 80%。

对于博客数据的情绪分类，Aman and Szpakowicz [2007] 给出了 6 种情绪类别中的每一种结果。F-measure 在"悲伤"值 50% 到"幸福"值 75% 间发生变化，Ghazi et al. [2010] 在相同数据集上得出了相似的结果。另外，当移动标准平面分类到层次化分类的时候，所有分类的整体准确率从 61% 上升到了 68%。推特数据上，Mohammad and Kiritchenko [2014] 得出，在通过远程监督采集的噪声数据集上，6 个情绪分类的 F-measure 为 18% ~ 49%。表 3.5 展示了 Aman 数据集的一个子集上每个分类的详细结果（至少包含一个明确情感单词的句子），该结果由 Ghazi et al. [2014] 使用具有各种特征的 SVM 得到，包含了词袋（BoW）特征，也包含了情绪词典特征以及句法依存特征。

表 3.5　Ghazi et al. [2014] 的情绪分类结果

		精确率	召回率	F-measure
SVM+ 词袋 准确率 50.72%	幸福	0.59	0.67	0.63
	悲伤	0.38	0.45	0.41
	生气	0.40	0.31	0.35
	惊喜	0.41	**0.33**	0.37
	厌恶	0.51	0.43	0.47
	恐惧	0.55	0.50	0.52
	非情绪	0.49	0.48	0.48

（续表）

		精确率	召回率	F-measure
SVM+ 其他特征 准确率 58.88%	幸福	0.68	0.78	0.73
	悲伤	0.49	0.58	0.53
	生气	0.66	0.48	0.56
	惊喜	0.61	0.31	0.41
	厌恶	0.43	0.38	0.40
	恐惧	0.67	0.63	0.65
	非情绪	0.51	0.53	0.52

Thelwall et al. [2011] 在 MySpace 评论的一个数据集上测试他们的 SentiStrength 系统，SentiStrength 预测正面情绪的强度为 1 ~ 5，负面情绪的强度也为 1 ~ 5。他们的系统使用由机器学习优化的情感术语强度查询表，其预测正面情绪的准确率是 60.6%，负面情绪的准确率是 72.8%。

对于情绪分类，Mishne [2005] 得出 40 个最常见情绪的分类准确率为 67%，而 Keshtkar and Inkpen [2012] 在相同的分类集上达到了 85%。后者在情绪分类的子类上也获得了非常高的准确率。将所有级别依次进行合并时，准确率提高到 55%，与针对 132 种心情的平面分类的准确率相比，平面分类的准确率更低，仅为 25%。结果如表 3.6 所示，所有级别的分类器成功应用（所有级别的误差相乘）到建立层次分类器上。在词袋（BoW）特征和词袋 + 语义指向特征上，使用总是选择最频繁的分类的基线，把它的结果与平面分类进行比较。

表 3.6　Keshtkar and Inkpen [2012] 情绪分类的准确率

分类方法	准确率（%）
基线	7.00

（续表）

分类方法	准确率（%）
平面分类词袋	18.29
平面分类词袋＋语义指向	24.73
层次化分类词袋	23.65
层次化分类词袋＋语义指向	55.24

3.5 事件和话题检测

从社交媒体文本中检测事件之所以很重要，是因为人们更倾向于发布关于当前事件的消息，很多用户会通过阅读这些消息来寻找他们需要的信息。正如 Farzindar and Khreich [2013] 的调查报告论述的一样，事件检测技术能根据事件类型（特定或非特定）、检测任务（过去或新事件检测）、检测方法（监督或非监督）进行分类。

3.5.1 特定和非特定事件检测

基于感兴趣事件信息的可获得性，事件检测可以分为特定和非特定事件检测。当没有关于事件的先验信息时，非特定事件检测技术通过社交媒体流的时间信号来检测现实世界发生的事件。这些技术通常需要监测社交媒体流中的突发或者趋势信息，根据独立趋势的特征归纳成事件，最终对事件进行分类。另一方面，特定事件检测则依靠事件已知的特定信息和特征，例如地点、时间、类型和描述信息，这些信息一般由用户提供或者从事件背景中提取得到。我们可以利用这些特征，把传统信息检索和提取技术（例如过滤、查询生成和扩展、聚类和信息聚合）同社交媒体数据的独有特征相适配。

1. 非特定事件检测

反映事件的进展是推文的特性，所以推文信息对未知事件的检测特别有用。用户对于未知事件的关注兴趣，通常是在新事件、突发新闻或者吸引大量推特用户注意力的一般事件的驱动下产生的。由于没法获得事件信息，所以通常利用推特流时间模式或者信号来检测未知事件。普遍关心的新事件在推特流上显示为突发性特征导致，例如，特定关键词的数量突然增加。突发性特征在推文中频繁出现，可以理解为一种发展趋势 [Mathioudakis and Koudas, 2010]。除了趋势特征之外，内生或者非事件趋势，在推特中同样出现频繁 [Naaman et al., 2011]。因此，推特中非特定事件的检测技术，必须使用可扩展的高效算法，以区分广泛关注的趋势事件和琐碎事件，或者非事件趋势（显示相似的时间模式）。以下叙述的技术尝试应对这些挑战，它们中的大部分是基于话题单词检测的，因为这些话题单词很可能标志着一个新事件，然后利用相似度计算和分类检测技术来检测相同事件的更多信息。

Sankaranarayanan et al. [2009] 提出了一种名叫 Twitter-Stand 的系统，用来捕捉最新爆炸性新闻的推文信息。他们用朴素贝叶斯分类器来区分新闻和不相关信息，并用基于 TF-IDF[①]

---

① 术语频率 / 逆文档频率，计算公式是当前文档中的一个术语的频率乘以 N/df 的对数，其中 N 是文档的总数，而 df 是包含该术语的文档的数量。逆文档频率的主要思想是，出现在少数文档中的术语被认为是更具区分能力的。

的词向量和余弦相似度^①的在线聚类算法来生成新闻类簇。另外，他们利用主题标签减少聚类错误。同时，类簇也与时间信息相关联。其他解决的问题还有如何去除噪声、如何检测推文的相关地点信息。类似地，Phuvipadawat and Murata [2010] 从推特中采集、归纳、排序并跟踪突发新闻。他们使用预定义搜索查询的方式（例如 # 突发新闻）在推特 API 上采集样本，并在 Apache Lucene 上建立样本内容索引。基于 TF–IDF 以及对专有名词、标签和用户名增加权重，相似的消息会被归纳为新闻。作者利用推文的可靠性和受欢迎度的加权组合，同时参考推文消息的时效性来给类簇排序。如果新消息和某个分类中的第一条消息，或者和该类簇的前 k 个词类似，那么新消息就被分到该类簇中。作者同时强调了识别推文中专有名词对于增强推文之间相似性比较的重要性，由此能提高系统的整体准确率。实际上，已经有人开发出基于上述方法的应用，叫作 Hot-stream。

Petrovic et al. [2010] 改进了 Allan et al. [2000] 提出的新闻媒体的研究方法，他们通过计算文档间的余弦相似度来检测先前推文中未出现过的新闻。他们的实验并没有考虑推文的回复、转发和标签信息，同时也没有考虑新检测到的事件的重要性（如是否平常）。结果显示，对消息的熵的考虑减少了输出中的垃圾消息，根据用户数量比根据推文数量的排名更好。

Becker et al. [2011b] 专注于研究现实世界事件内容及其相关推特消息的在线识别，使用的是可以对相似推文进行持续聚类

---

① 两个向量夹角的余弦值表示它们在向量空间中的相似性。两个向量间的夹角越小意味着它们之间的相似性越高。

的在线聚类技术，然后将类簇的内容分为现实世界事件或者非事件。这些非事件囊括了推特中心话题，但并不能反映现实世界发生的事件 [Naaman et al., 2011]。由于推特中心活动（Twitter-Centric Activities）通常与现实世界事件的时间分布特征相似，所以事实上很难检测到这些事件。每条消息用其文本内容的 TF-IDF 权重向量表示，同时利用余弦相似度来计算消息到聚类质心的距离。除了传统的预处理步骤（如停用词消除和词干提取）之外，同时还将标签术语的权重加倍，因为它们能强烈指示消息内容。作者还结合了时间、社交、话题和推特中心特征。由于类簇会随着时间的推移持续变化，所以旧类簇的特征会定期更新并计算新类簇的特征。最后，使用 SVM 分类器在带标注的一系列类簇特征上训练，可以判定类簇（和它的关联消息）是否包含现实世界事件信息。

Long et al. [2011] 通过整合一些特定特征到微博数据特性中来改善传统的聚类方法。这些特征是基于"话题词"的，它们比事件的其他信息更普遍。话题词往往是基于日常消息的词频、主题标签词和词熵提取到的。将（自顶向下）层次化分裂聚类算法[①]应用到词汇同现图（连接话题词共同出现的消息）中，能把话题词划分到事件类簇中去。他们为了跟踪不同时间的事件变化趋势，采用最大加权二分图匹配算法来创建事件链，将 Jaccard 系数[②]的变化作为簇之间的相似性度量。最后，利用消息之间的

---

① 分裂聚类从一个集群中的所有文档开始，使用平面聚类算法对集群进行分割。这个过程以递归的方式进行，直到每个文档都位于自己的单集群中为止。

② Jaccard 系数度量了两个有限集之间的相似度，定义为交集的大小除以集合的并集的大小。

时间间隔增强余弦相似度，找到总结事件的最相关的前 k 个帖子。然后，将这些事件摘要链接到事件链聚类上，并绘制在一条时间线上。在事件检测方面，作者发现自顶向下的分裂聚类算法比 k-均值和传统层次化聚类算法性能要好。

推特中的突发话题或事件会在短时间内触发许多相关推文，对这类事件进行事后分析一直是社交媒体研究的主题，但是，突发事件的实时检测是相对新颖的。Xie et al. [2016] 设计了一个名为 TopicSketch 的基于草图的主题模型来解决这个难题。这种方法涉及推特流上的软移动窗口，以有效检测稀有词汇和罕见词组的激增，然后将这些频率存储在矩阵中，通过奇异值分解（Singular Value Decomposition, SVD）将其分解成更接近主题的更小的矩阵。通过实时评估超过 3 000 万条推文，证明这种方法比以前的模型更加高效。

Weng and Lee [2011] 基于推特生成的单个单词，提出了离散小波变换信号聚类的事件检测技术。傅立叶变换已用于传统媒体的事件检测，而小波变换则用于时域和频域的事件检测，以识别突发事件的时间点和持续时长，同时使用滑动窗口来捕捉事件的变化。他们基于（在设定阈值的）信号之间的互相关性程度来过滤一般的单词，互相关性用来衡量两个时域函数信号的相似性。剩下的词则使用基于模块度的图划分技术聚类成事件，该技术把图分成子图，每一部分代表一个事件。最后，通过单词数量和同一事件相关单词的互相关性检测，来捕获重大事件。

类似地，Cordeiro [2012] 基于主题标签出现和使用了狄利克雷分布技术的话题模型推理，提出了一种持续小波变换技术

[Blei et al., 2003]。使用主题标签取代单个单词来建立小波信号。给定时间内、给定标签数量急剧增加，很好地指示了事件的信息。因此，这需要每隔 5 分钟从推文中检索出标签并进行归纳。他们通过对每个时间间隔内的标签计数，并把它们归纳成分离时间序列（每一个对应一个标签），最后在每个时间序列中连接所有提到该标签的推文来建立主题标签信号。同时，在应用连续小波变换和得到信号时间 – 频率表示之前，使用自适应滤波器来去除嘈杂的主题标签信号。接着使用小波峰和局部最大值检测技术，来检测主题标签信号的峰值和变化情况。最后，LDA 用于所有与对应时间序列内主题标签有关的推文，来检测给定时间间隔内的事件以及建立事件描述，同时提取出一组潜在的主题词。

2. 特定事件检测

特定事件检测包括已知和已计划的社会事件，这些事件能用例如位置、时间、事件地点、事件人物的相关内容或者元数据，部分或者整体指定。以下描述的技术尝试利用推特文本内容、元数据信息或者两者结合来检测特定事件，同时它们还使用了大量的机器学习、数据挖掘和文本分析技术。

Popescu and Pennacchiotti [2010] 专注于检测推特中引起公众反对意见的有争议事件，他们的检测框架基于推特快照。首先，基于一组推特快照，事件检测模块通过使用在人工标注的数据集上训练的监督下的梯度提升决策树（Gradient Boosted Decision Trees, GBDT）[Friedman, 2001]，来区分事件和非事件快照。接着，基于应用在大量特征上的回归算法，同时使用争议模型给争议事件快照分配较高的权值，来给这些事件快照排序。对单级系统的特征分析表明，由于事件是从非事件快照中区分出来的，所以事件的核心是最相关的特征。同时，他们发现主题标签是推文重要的语义特征，因为它有利于用户识别推文的主题，估计一组推文的主题聚合性。另外，语言、结构和情感特征对特定事件检测也有相当大的影响。Popescu and pennacchiotti [2010] 最终得出结论：在争议检测上，丰富多样的特征集拥有至关重要的作用。

后来 Popescu et al. [2011] 也使用了以上描述的框架，但是还使用额外的特征来提取事件和推特上对它们的描述信息。他们的核心思想是基于事件的重要性和实体数量来捕获事件的常识直觉和非事件快照。正如他们提出的："大部分事件快照有少量重要实体和其他次要实体，而非事件快照则可能有大量不重要实体。"他们使用文档相关性系统检测出了这些新特征 [Paranjpe, 2009]，并希望以此对快照实体的重要性进行排序。这些事件快照包括相对位置信息（例如，快照中一个词的偏移量）、术语级信息（词频、推特 IDF 语料库）以及快照级信息（快照长度、种类、语言）。同时，他们还利用词性标注和常用表达，优化事件以及主要实体的提取。此外，他们发现的有价值的新特征，还包括包含行为动词的快照数量、给定日期的新闻实体快照以及推文回复数量。

Benson et al. [2011] 提出了使用因子图模型的新方法来识别音乐事件的推特消息。这个因子图模型能同时分析各个消息，并根据事件类型来聚类，以及推导每个事件属性的标准值。起初，他们是想通过发现推特用户提到，而其他媒体资源却很难发现的新音乐事件，推断出推特中音乐事件（基于"艺术家－事件地点"对）的综合列表，最终完善一份现有列表（例如城市活动日历表）。在消息级别，这种方法依赖 CRF 模型来提取艺术家的名字和事件地点。CRF 模型的输入特征包括词形、一组正常情感的通常表达方式、时间参照、场地类型、从外部资源（例如维基百科）提取的艺术家名字以及城市地点名字词袋。聚类以术语的普及性为标准来归纳事件消息，所谓的术语普及性则是消息术语标签（艺术家、地点、无）和一些候选值（例如，特定艺术家或者地点名字）的比对分值。为了捕捉推特消息中的大型文本变量，这个分值是术语相似性指标（包括完整的字符串匹配），以及通过逆文档频率衡量得到的邻接和相等指示器的加权组合。另外，在聚类时，应使用一个唯一性因子（有利于单个消息）来发现流行事件主导的稀有事件消息，同时防止同一个事件的不同消息聚类到多个事件中。另一方面，还应使用稠度指示器来防止不同事件的消息形成同一个类。使用因子图模型捕捉所有组成部分的互动信息，同时提供最终决策。该模型的输出是基于音乐事件的消息聚类，其中每个分类代表"艺术家－地点"对。

Lee and Sumiya [2010] 提出了一种基于地理的事件检测系统来识别本地节日，该系统通过推特建模检测人群行为。他们依赖使用地理标签的人群的通常行为模式来推导出地理规律，从而识别本地节日。他们发现，增加的用户活动与增加的推文数量，为本地节日提供了强有力的指标。Sakaki et al. [2010] 利用推文来检测特定类型的事件，诸如地震和台风。他们把事件检测定义为分类问题，并在人工标注的包括负面事件（地震和台风）和正面事件（其他事件或非事件）的推特数据集上训练 SVM 分类器。目前，他们已经使用了三种特征：词量（统计）、推文消息关键词和用户查询词（上下文）。实验证明，推文事件自身的统计特征在分类问题上效果最好，如果结合以上三个特征，性能上会有一点点提升。他们也使用卡尔曼滤波和粒子滤波 [Fox et al., 2003] 技术，从推文的时间和空间信息上估计地震中心和台风轨迹。他们发现在这两种情况下，粒子滤波器比卡尔曼滤波器的性能要好一些，这是由于后者在这种问题上存在不恰当的高斯假设。

Becker et al. [2011a] 结合简单规则和查询建立策略，提出了一种增强推文消息中计划事件信息的系统。为了识别事件的推特消息，他们首先使用从事件描述和它的相关方面（结合时间和地点）导出的查询策略，这些策略不仅简单，而且精确。另外，他们使用 URL 和高精度推文主题标签统计技术来建立事件查询。最后，他们建立了基于规则的分类器来选择新的查询集，然后使用选择的查询词检索其他事件消息。在相关工作中，Becker et al.[2011c] 提出了基于中心性的方法来提取相关事件的高质量、相关和有用的推特消息，这些方法是基于观测的，而通常聚类中最中心的消息最可能反映事件的关键方面。这两项技术最近都得到了扩展，并纳入了一个更普遍的方法，旨在确定不同社交媒体网站上已知事件的社交媒体内容 [Becker et al., 2012]。

Massoudi et al. [2011] 采用了生成语言模型方法来检索单个微博消息，该方法基于查询扩展和微博"质量指示器"相关信息。然而，他们只考虑了特定帖子中的一个查询术语，并没有考虑它的本地频率。质量标包括 Weerkamp and De Rijke [2008] 提出的博客"可靠性指标"的一部分，具体博客特征如一个时效性因子以及转发和关注者的数量。其中，时效性因子是基于查询时间和发帖时间之间的差异提出的新概念。查询扩展技术选择接近查询日期的一些用户指定帖子的前 k 个词，因此，最终查询实际上是原始和扩展查询的加权组合。结果显示，结合使用质量指标词和微博特性，其性能要优于使用单个方法。另外，数字和非字母符号也有利于提高查询扩展的效果。

Metzler et al. [2012] 提出检索历史事件摘要的分级列表（或者时间线）的方法，而非检索响应事件查询的单个微博消息。搜索任务涉及时间查询扩展、时间跨度检索和摘要。响应用户查询时，该方法基于查询关键词检索时间跨度的排序集。该方法的思想是：在检索时间跨度内，捕捉激烈讨论的热点词语，因为它们更可能与目标查询相关。为了在每个检索间隔产生一个简短的摘要，他们选择了一组在时间跨度内发布的与查询有关的消息，然后根据查询似然打分函数的加权变形，将相关消息检索为排名靠前的消息。具体而言，该方法根据词语扩展的突发性得分和狄利克雷平滑语言模型来评估消息中的每个词语。他们的方法比应用于采集推特语料库和英文 Gigaword 语料库的基于相关性的传统语言模型方法更加稳定且更有效 [Lavrenko and Croft, 2001]。[①]

Gu et al. [2011] 提出了一种叫作 ETree 的事件建模方法对推特流事件建模。ETree 使用基于 n-gram 的内容分析技术，把大量事件相关信息归纳成语义连贯的信息块，利用一个增量建模过程来建立层次化的主题结构，同时采用基于生命周期的时间

---

① https://catalog.ldc.upenn.edu/LDC2003T05

分析技术来识别信息块之间潜在的因果关系。ETree 比无增量版本和 TSCAN 都更有效，TSCAN 是一个广泛使用的算法，它可以从时间区间关联矩阵的特征向量导出事件的主题 [Chen and Chen, 2008]。

3.5.2 新事件和历史事件

和传统媒体事件检测 [Allan, 2002, Yang et al., 1998, 2002] 相似，根据任务、应用需求和事件类型，推特中的事件检测也可以分为旧事件检测和新事件检测，分类依据为任务和应用需求以及事件类型。由于新事件检测（NED）技术需要连续监测推特信号来几乎实时地发现新事件，那么自然适合于检测未知的现实事件或突发新闻。一般情况下，推特上的趋势事件可能与现实世界的爆炸性新闻同时发生。但是，相对于原始事件而言，有时评论、人物或者现实世界的重大新闻照片可能在推特上更加热门。其中的一个例子是，2012 年博巴克·菲尔多西在美国国家航空航天局工作期间，社交媒体针对博巴克·菲尔多西的发型称，莫霍克人博巴克·菲尔多西的头发随着"好奇"号降落在火星上也迅速走红。

虽然 NED 方法并不在事件上强加任何假设，但是它们不限于检测非特定事件。当监测相关的特定事件（自然灾难、名人等）或者相关事件的特定信息（地理位置等）时，使用滤波技术 [Sakaki et al., 2010]，或者利用争议 [Popescu and Pennacchiotti, 2010] 和地理标记信息 [Lee and Sumiya, 2010] 等特征，能更好地将相关信息整合到 NED 系统中，以便更好地聚焦到兴趣事件上。为了检测和分析过去事件，大部分 NED 方法同时也能应用于历史数据上。

虽然大部分研究集中在利用推特流提供的时间信息检测新事件上，不过最近的研究表明，人们对利用推特历史数据检测过去事件也同样感兴趣。现有的微博搜索服务提供了有限的搜索能力，只能够检索到单个微博帖子 [Metzler et al., 2012]，例如推特和 Google 提供的服务。推文的稀疏性以及存在的大量不匹配词汇（因为词汇动态演变），是寻找与给定用户查询有关的推特消息的主要挑战。例如，相关消息可能不包含查询词语，而是以新缩写或者标签的形式出现。传统的查询扩展技术仅仅依靠相关文档中与查询词语共同出现的词语进行查询，显然不适合上述情况。相比之下，推特数据中的事件检测主要集中于时间和动态查询扩展技术。最近的研究已经逐步向提供更加结构化和全面的推特事件总结方向努力。

3.5.3　紧急事态感知

推特和其他社交媒体的事件检测能应用于紧急事态感知。检测出新事件，并将其分类为紧急事件之后，将情况进行更新可以让人们了解并帮助解决或缓解这种紧急情况。我们提出了两个侧重于这种监控的系统，两者都基于机器学习技术，将推特信息分为感兴趣或不感兴趣两类。

Yin et al. [2012] 运用一个系统来提取态势感知信息，该系统利用不同灾害和危机时期生成的推特消息。自 2010 年 3 月以来，他们一直在澳大利亚和新西兰为特定兴趣领域采集推文。数据来自大约 251 万个不同的推特简介的 6 600 万条推文，涵盖了一系列自然灾害和安全事故，其中包括：热带气旋 UIui（2010 年 3 月）、布里斯班风暴（2010 年 6 月）、墨尔本枪击事件（2010 年 6 月）、基督城地震（2010 年 9 月）、澳航 A380 事件（2010 年 11 月）、布里斯班洪水（2011 年 1 月）、热带气旋"亚西"（2011 年 2 月）和基督城地震（2011 年 2 月）。该方法从检测突发事件开始，接着对影响评估进行分类。分类器（朴素贝叶斯和 SVM）使用词汇特征和推特专有特征来对事件进行分类，这些特征包括推文中含有的单字母、双字母组、词长、主题标签数目和用户提及的数目，以及推文是否被转发、回复。接下来，他们使用在线聚类技术发现事件的主题（使用余弦相似度和 Jaccard 相似度把消息归纳到相同的聚类中）。

Cobb et al. [2014] 描述了推特消息的自动识别技术，并将其运用于事态感知。他们基于选择的关键词，在每一个突发事件期间采集推文。实验采集了 4 个数据集：2009 年俄克拉荷马州火灾（527 条推文）、2009 年红河洪水（453 条推文）、2010 年红河洪水（499 条推文）和 2010 年海地地震（486 条推文）。他们的方法基于朴素贝叶斯和最大熵（MaxEnt）分类器，以便在多方面区分推文：主观性、个人或客观风格、语域（正式或非正式的风格）。用于分类的特征包括：单字母、双字母组、词性标签、消息的主体性（客观 / 主观）和语气（个人或非个人）。最后三个特征由专门为此设计的分类器自动计算。在另一个实验中，这三个特征被手动标记。

3.5.4　事件检测的评估指标

事件检测的评估指标包括提取事件的准确率、精确率、召回率和 F-measure。同时，检测结果因任务、方法和目标事件类型的不同而不同。我们在 3.5.1 节到 3.5.3 节中指出了有益于特定种类事件检测的特定种类的语言信息。因为需要人工标注测试集，或者需要人工检测系统输出的典型样本，所以想要评估事件检测系统的性能并不容易。下面，我们仅仅提到了这一节引用的文献的一小部分结果。Becker et al. [2011b] 给出的事件检测的精确率为 70% ~ 80%，当归纳事件的方法使用的类簇数量很小时，他们的方法达到的精确率最高。不过由于他们使用了大量推文，所以无法估计召回率水平。Benson et al. [2011] 给出了相似的精确率水平，通过比较推文采集期间每周新闻报告的事件清单，他们能达到 60% 左右的召回率。

3.6　自动摘要

　　自动提取多个社交媒体源文档的摘要，是一个非常活跃的研究课题。自动摘要的目的在于减少和聚合呈现给用户的信息数量。本节描述了各种先进的方法，并指出了它们各自的优势和局限性。此外，摘要也可用于其他任务，如社交媒体数据的分类和聚类。目前用于文本分析与摘要的工具，是基于特定数据来源和语言设计的。因此，将来的工作是继续把语言与方法独立开来，还是开发出结合每个语言的特定方法，是一个悬而未决的问题。

　　正如前面提到的，社交媒体不仅规模巨大，而且还包含大量噪声，在这种情况下，对于需要特定信息的人而言，大部分文本都是没有用的。针对这种情况，相比传统领域内的摘要任务，现有的任何摘要任务（实际上是大多数自然语言处理任务）必须稍微调整一下，尤其是对于缩小相关内容范围这一内生需求。所以，一般情况下，一些信息检索的形式以及 / 或特定现象检测成为生成摘要的先决条件。此外，人们实际上并不太关注单个"文档"的内容，而是关注它们能在摘要生成过程中起到什么样的作用。为了整合同一话题上的多条推特消息，一些研究者正在尝试利用多文档摘要，例如，使用应用在报纸文章和其他文本的多文档摘要工具 [Inouye and Kalita, 2011, Sharifi et al., 2010]。解决方案可能涉及对从不同消息中摘取重要句子进行聚类，以及只使用每个聚类中一小部分具有代表性的句子。机器学习技术能用来给选中的推文排序 [Duan et al., 2010]。

事实上，有很多为社交媒体消息的标题和副标题做摘要的研究。Zhao et al. [2011] 通过提取话题关键短语，为一系列推特消息做摘要。他们使用主题敏感 PageRank 算法对关键词进行排序，并用概率得分函数估计关键短语之间的相关性。Judd and Kalita [2013] 建立了一系列推文的摘要，不过得到的摘要含有很多噪声，因此要使用依存语法分析器对推文进行语法分析，并采用依存文法来消除多余文本，以优化摘要的结果。Hu et al. [2007b] 对博客的评论做了摘要，以探测对评论的处理是否能改变用户对博文的理解。Khabiriet al. [2011] 也研究了评论的摘要问题：针对一组由 n 个用户生成的在线资源的评论，他们为摘要选择了最好的评论。他们还使用聚类算法来识别相关评论，同时使用一个基于优先级的排序框架来自动选择信息评论。

为了帮助企业了解如何将社交媒体数据转化为有价值的商业洞察力，He et al. 描述了一个深入的研究案例，此研究应用文本挖掘来分析 Facebook 和推特上的非结构化文本内容。具体而言，该研究集中在三家主要比萨公司的资料信息上：必胜客比萨、达美乐比萨和棒约翰比萨。研究人员使用话题建模和情感分析来确定竞争对手社交媒体策略的性质和功效，这些结果证明了竞争分析的可能优势，以及文本挖掘作为从大量可用社交媒体数据中提取商业价值的有效技术的力量。

随着社交媒体和微博数据量的增多，对识别紧急关键词等摘要技术的需求也越来越强烈。AvudaiAppan et al. [2016] 提出了一个监控关键字并用动态语义图表对文档流进行摘要的系统。研究人员介绍了动态特征向量中心性这个概念，用于对紧急关键字进行排序，并提出了一个从最小权重集覆盖中总结紧急事件的算法。具体来说，这项研究主要用来总结和发现公共安全事件。

本节我们将进一步区分两种情况：在自动摘要中使用社交媒体数据，以及使用摘要进行社交媒体检索和事件检测。我们侧重于以下 4 种摘要。

3.6.1　更新摘要

更新摘要是一个相对较新的领域，它把新闻摘要与在线和动态设置连接起来。更新摘要使用 Web 文档（例如博客、评论和新文章）来识别某个主题的新信息。正如 2008 年文本分析会议[①]定义的，假设用户已经读过一系列给定的早期文章，更新摘要的任务就包括为这些新闻专栏文章建立简短的摘要（100 词）。

---

① http://www.nist.gov/tac/2008/summarization/update.summ.08.guidelines.html

Delort and Alfonseca [2011] 提出了一种叫作 DUALSUM 的新闻多文档摘要系统，他们使用基于主题模型的无监督概率方法，用来识别文档集合中的新颖事物，并用它来生成更新摘要。

Li et al. [2012b] 基于多级层次狄利克雷过程（HDP）模型，提出了一种更新摘要的方法。文献提出了一个三级 HDP 聚类模型，它揭示了历史和更新两个不同时间段的差异和共性。

2013 年，TREC 定义了时序摘要。突发新闻（例如，自然灾害）是一个独特的信息访问问题，而传统方法在这方面展现的性能很差。例如，事件发生之后，语料库中的相关内容可能很稀疏，甚至几个小时后，仍然可以得到相关内容，所以通常它是不准确或者是高度冗余的。同时，危机事件中，用户迫切需要信息，尤其是在他们受该事件直接影响的时候。评估的目标是在一段时间内，开发出允许用户有效监测相关事件信息的系统，尤其是能够有效检测出那些与事件发展相关的有用、新鲜和即时的句子，以及跟踪事件相关属性（死亡人数、经济影响等）的重要信息。

3.6.2 网络活动摘要

社交媒体文本本质上是社会性的。单篇文章并不是静态、孤立的文本片段，它能根据特定社交网络参数链接到其他的文章和用户。文本（或者其他媒体）条目和用户之间的互动信息——网络自身的结构和活动信息——对摘要来说是有用的，它们既能作为额外的信息源帮助网络内容摘要，也能作为摘要的目标。

Liu et al. [2012a] 利用社交网络特征，把基于图的摘要方法应用在推文摘要任务上。他们仅仅基于推文中的词语，并结合网络的突出"社交信号"，就解决了推文简短的问题，同时克服了判定特征的相关困难。具体来说，他们利用转发和粉丝数量作为突出性指标：如果推文被频繁转发，并且 / 或者发布推文的用户有很多粉丝，那么就认为该推文更加突出。他们还结合每个用户的推文阈值，用来保证摘要具有一定程度上的用户多样性。

Yan et al. [2012] 提出了一种基于图的推文推荐模型，这给用户提供了一些他们可能感兴趣的词语。模型使用社交网络连接用户、连接推文，然后通过一个第三方网络连接两者，从而同时对推文及其作者进行排序。把推文和他们的作者根据同步排序算法同步排序，这种算法基于推文和作者的相互促进关系（可在排序中体现）以及该关系能够在关系中体现来实现。该框架可以实现参数化，考虑到用户的喜好、推特及其作者的普遍性和多样性。

3.6.3　事件摘要

事件摘要旨在提取能代表现实世界事件的社交媒体文本，这里的事件可以被广泛定义为任何时空范围内发生的事件 [Farzindar and Khreich, 2013]。实际上，事件摘要的目标不是总结所有事件，只是总结兴趣事件。不像新闻报道那样，提到的事件总是有报道价值的，在提取兴趣事件的摘要之前，必须首先在社交媒体中识别出兴趣事件，而且，摘要提取还有利于改善社交媒体的检索效果。

出于以上目的，推特就成为摘要提取的流行社交媒体工具，因为通过它，用户能够交流短消息，而且这种短消息能更好地使用和传播。另外，推特流中常带有指向博客的链接或具有详细信息的网页链接。Harabagiu and Hickl [2011] 把相同话题的多条推文内容摘要成固定长度的描述。他们使用一个生成模型来推导文本事件结构，并使用用户行为模型来捕捉用户传递相关内容的方式。另外一个总结多种社交媒体的方法是检测推特中的兴趣事件，以及总结相关事件的博客信息。

Zubiaga et al. [2012] 探索了从推特流中对计划事件进行实时摘要方法，例如足球比赛。他们检测每个事件的子事件，把从2011年美洲杯足球比赛中提取的二种语言的摘要与雅虎体育记者的现场报道进行比较，用来研究摘要效果。研究表明，不包含外部信息的简单文本分析生成的摘要，涵盖了平均84%的子事件，以及子事件中100%的关键事件类型（例如足球得分）。他们提出的方法还能用于其他计划事件，例如其他体育赛事、颁奖典礼、主题访谈和电视节目等。

3.6.4 观点摘要

摘要可以帮助用户更好地理解社交网络的观点挖掘和情感分析。正如前面提到的，社交文本往往比其他文本含有更多且更主观的观点。因此，企业和其他组织运用这些信息，能够得知公众对他们产品和服务的看法。如果想利用这种来源庞大的观点数据，那么自动观点摘要技术必不可少。这种技术能够对特定产品或服务的情感极性进行总体评估，这对营销或声誉管理来说具有很大的价值（例如，客户对特定品牌和产品持积极还是消极态度）。观点摘要也能着眼于更多具体的基于查询的信息，例如"客户最喜欢给定产品的哪个特征"。

然而正如我们在 3.2 节中指出的, 摘要任务只是一个框架, 而情感分析是任何观点摘要任务不可或缺的一部分, 并且情感分析很具有挑战性。

Mithun [2012] 提出了基于查询提取博客观点的摘要方法。在传统方式中, 句子摘要和排序是基于查询、主题相似性和 "主体性评分", 并使用 TF–IDF 来进行的。 "主体性评分" 是基于句子中词汇的极性和情感程度, 根据 MPQA 情感词典得出的。提取的句子必须与查询极性相匹配。句子情感的程度也会影响句子的排名。句子情感的程度又是由其包含的主观性词语的数量, 以及每个词语的强烈程度决定的。

有些工作侧重于总结对比性意见和观点, 尽管这主要用来研究客户对于产品的评论 [Kim and Zhai, 2009, Paul et al., 2010]。网上评论的观点也基于产品的各个方面进行了总结 [Titov and McDonald, 2008]。

为了回到通用的文本摘要, 我们介绍一下在新闻文本摘要提取中广泛使用的移动 App。该 App 是由英国高校学生 Nick D'Aloisio 在 2011 年开发的, 当时他只有 15 岁。2013 年, 当这款名叫 Summly 的 App 被雅虎以 3 000 万美元收购的时候, 他成了最年轻的百万富翁之一。Summly 采用了一种摘要算法, 使用 HTML 处理来提取网页文本。该 App 分析文本, 并且选择文章的简述部分作为要点。Summly 使用的算法通过使用机器学习技术 (包括遗传算法) 实现了这一点。[①] 在训练阶段, 它着眼于各种文章和出版物的人工摘要, 然后将这些摘要作为 Summly

---

① http://www.wired.com/2011/12/summly-app-summarization/

的输出模型，最后使得该 APP 通过矩阵变换来更好地模拟人工摘要。

3.6.5　摘要的评估指标

文本摘要的评估指标可以是自动或人工的。自动评估的一个例子是 ROUGE[①][Lin and Hovy, 2003]，它把系统产生的摘要和一些人工撰写的摘要进行比较。它计算了自动摘要和多重参考之间的 n-gram 重叠，惩罚丢失的 n-gram（n-gram 可以是单个单词、两个单词或三个单词的序列等）。

不同版本的 ROUGE 使用跳跃 n-gram，相互匹配的单词并不一定是连续的。人工评价文本摘要，需要阅读生成的摘要，根据几项考察标准对摘要的质量进行评估，这些指标会在后文指出来。信息内容的响应性在 1 ~ 5 之间取值，可读性也在 1 ~ 5 之间取值（作为整体得分来考虑，或者是作为具体的某些方面来衡量，比如语法性、非冗余性、参照清晰度、焦点、结构和相干性等）。这些指标和其他指标在文本理解会议 / 文本分析会议（DUC/TAC）的评估活动中被美国国家标准与技术研究院（NIST）采用，这部分内容我们在 5.5 节讨论。针对微博摘要，Mackie et al. [2014] 展示了一个新度量标准，即摘要中发现的主题单词片段，比文献中通常给出的 ROUGE 指标更符合用户对微博摘要的质量和效果的要求。

---

　① ROUGE 的全名为 Recall-Oriented Understudy for Gisting Evaluation。

3.7 机器翻译

目前，推特是继 Facebook 之后最受欢迎也是成长最快的在线社交网站之一。根据 2015 年 1 月推特的博客显示，每天用不同语言（英语已失去第一地位，降至 40% 或更少）[1] 发表的推文数量增加到了 5 亿条[2]。这种多语种化现象明显妨碍了信息的有效传播。

目前，已有解决不同种语言间推文传播问题的策略，其中一个解决方案是人工翻译推文，当然，这只在推特上出现的特定子集上可行。例如，非营利组织 Meedan[3] 成立的目的就是组织志愿者参与翻译阿拉伯语发布的关于中东问题的推文。另一个解决方案是使用机器翻译。有几个门户网站在做这方面的工作，它们主要使用谷歌机器翻译 API。另一方面，Ling et al. [2013] 能够基于用户的转发推文（用户在转发前将中文或英文信息翻译为其他语言）从新浪微博（中国版推特）中提取超过 100 万条的中英文平行片段。

奇怪的是，尽管越来越多的研究集中在社交网络信息交换的自动化处理上，但很少有研究者关注社交网络中的文本自动翻译。Gimpel et al. [2011] 最近针对社交网络文本自动翻译的一些研究发表了一篇评论。另外，有人在翻译短信（SMSs）方面也做出了一些尝试。值得注意的是，Munro [2010] 描述了一个名

---

[1] http://www.statista.com/statistics/348508/most-tweeted-language-world-leaders/

[2] http://www.internetlivestats.com/twitter-statistics/

[3] http://en.wikipedia.org/wiki/Meedan

为 Mission 4636 的志愿者组织共同体在 2010 年 1 月海地地震中提供的服务。在这项服务中，首先要将被困人员的短信报警信号以及其他紧急情况报告给志愿者，然后志愿者将海地里奥尔语短信翻译成英语，这样就能够同急救人员进行有效的沟通。Lewis [2010] 也描述了 2010 年 1 月的海地地震是如何促使微软翻译团队仅在 5 天内开发出了基于统计的翻译引擎（海地里奥尔语译成英语）。

Jehl [2010] 解决了将英文推文翻译成德语的任务。她认为最重要的是正确对待未知的词，并强调了翻译时推文上限为 140 个字符的问题。Jehl et al. [2012] 描述了一项研究成果：他们从以编程方式得到的一系列推文中采集双语推文，并开发出了一个"阿拉伯语—英语"的翻译系统来展示采集效果。

Wang and Ng [2013] 提出了一种增强机器翻译系统的集束搜索方法。为了进一步改进下游 NLP 应用，研究人员主张进行其他标准化操作，例如缺词恢复和标点符号修正。集束搜索解码器被用来整合各种标准化操作。解码器在两个强大的基线上取得了显著的改善：中文 / 英文社交媒体文本标准化的 BLEU[①] 得分提高了 9.98%，中文 / 英文社交媒体文本翻译的 BLEU 得分提高了 1.35%。今后在这方面需要进行进一步的研究，以探索如何将标准 MT 解码器与用于文本标准化的集束搜索解码器更紧密地结合起来，例如，使用点阵或 N-best 列表。

---

① BLEU 是机器翻译评价指标之一。

3.7.1 应用于医学术语的标准化的基于短语的机器翻译

社交媒体中的医学报告，包括 DailyStrength 和推特，能够检测特定社区的健康状况（例如药物不良反应或传染病）。尽管如此，如果要让机器理解健康状况并做出判断，那么机器必须具备识别外行话并将其与特定医学概念相关联的能力（这是文本标准化的一种形式）。Limsopatham and Collier [2015] 通过词向量将社交短语映射到医学概念，来改进已有的基于短语的机器翻译（MT）技术。为评估这种方法，研究者们使用由 2 500 万个与不良药物反应（ADRs）相关推文组成的集合。研究者将推文短语随机切分为 10 部分，使用 10 折交叉验证进行试验。研究使用 one-hot、CBOW、GloVe 三种不同的方法生成词向量，结果显示：基于短语的机器翻译技术和词向量表示相似性结合的方法优于只使用单项技术，性能提升了 55%。

3.7.2 政府机构推特简讯的翻译

对公众及时预警和紧急事态通知，是政府公共安全事务管理中最重要的任务。正如本章前面提到的那样，通过推特等社交媒体平台交流和发布警告，是一种便捷的方式。

2013年6月，加拿大环境部宣布天气预警不能在推特上公布，因为加拿大官方的双语制被证明已经成为天气预警推文的障碍。①为了与加拿大的官方语言法案保持一致，加拿大政府制订的大多数官方出版物，必须同时使用英语和法语发行，这包括超过 100

---

① http://www.cbc.ca/news/canada/saskatchewan/environment-canada-tornado-tweets-stalled-by-language-laws-1.2688958

个政府机关、部门①以及总理在内的政客等在推特上发表的材料。根据我们对其中一些机构的调查显示，推文翻译是由政府聘请的翻译员处理的，通常是将英语翻译为法语。对原始推文和翻译结果的定性分析表明，翻译的质量很高。与那些喜欢在同一个账号轮流使用法语和英语的用户，②或者用两种语言写同一个帖子的用户不一样，这些机构实际上大部分都设立了两个推特账号，每使用其中一种语言一个账号。

Gotti et al. [2013] 着眼于使用不同语言在推特上交流的信息，侧重翻译政府机构撰写的推文。总体来说，这些消息与其他消息的不同之处在于，它们是用一种严谨的语言表述的（没有这个特点，其可靠性会受到影响），而且仍然需要严格遵守 140 个字符的限制。典型社交媒体文本与推特文本不同，两者在质量上差别很大。

在预期受众和目标方面，来自政府机构的推文也与其他非正式的社交媒体文本有所不同。具体而言，政府推文信息往往是一个可靠的及时的信息来源，并以吸引公众的方式呈现。这就解释了为什么翻译应该展现出类似的可靠性、易理解性以及像原推文那样吸引公众等特点。此外，翻译还应该始终满足 140 个字符的限制要求。

Gotti et al. [2013] 尝试在加拿大政府机构发出的推特简讯的翻译任务中加入对这些问题的考虑，因为超过 150 个加拿大机构

---

① http://gov.politwitter.ca/directory/network/twitter

② 加拿大政治家贾斯廷·特鲁多的推特账号就是一个例子，见 https://twitter.com/JustinTrudeau。

拥有官方简讯，所以这很可能是非常有用的。此外，虽然加拿大人口只有 3 400 万，其推特用户的数量却排名第五（占所有推特用户的 3%）①，位列美国、英国、澳大利亚和巴西之后，这也解释了为什么加拿大政府、政客和机构越来越多地使用这个社交网站来为公众提供服务。加拿大政府机构必须使用两种官方语言，即法语和英语来传播信息，因此计算机辅助翻译工具有巨大的潜在价值，因为它可以显著减少目前人工翻译推文花费的时间和精力。不过 Gotti et al. [2013] 发现，即使是使用现成的、最先进的统计机器翻译（SMT）工具包，并在域外数据上进行训练，也不能胜任这个任务。他们在互联网上挖掘双语推文，并表明在把它们添加到初始平行语料库后，这个资源能够极大地提高翻译的性能。他们测试了几个简单的适用情景，其中一个是挖掘出平行推文中的 URLs。机器翻译中其他领域自适应的方法 [Daumé and Jagarlamudi, 2011，Foster et al., 2010，Razmara et al., 2012，Sankaran et al., 2012，Zhao et al., 2004] 对社交媒体数据分析很有帮助。

　　Gotti et al. [2013] 表明生词是一个值得关注的问题，应妥善处理。URL 的序列化能帮助提取并翻译单词，这个方法还能够扩展到对用户名的处理上。虽然用户名不需要翻译，但是使用 SMT 引擎时，减少词汇长度总是有意义的。未登录标记的一个有趣子类是主题标签，有 20% 的情况是，在翻译它们之前需要进行分词。即使它们被翻译成常规单词（#radon → radon、#gender

---

　　① http://www.techvibes.com/blog/how-canada-stacks-up-against-the-world-on-twitter-2012-10-17 equality → gender equality），但是如何检测它们的用法是否像正常出现在句子中的词（如在 #radon is harmful 中），或者如何判断它们是否只是为了将推文分类而增加到推文的标签，这些问题都还没有得到解决。Gotti et al. [2013] 还表明，具有长度约束的翻译能在一定程度上通过挖掘解码器产生的 N-best 列表轻易地处理。其他详细分析的 6% 的推文，没有更短的版本，但是也有很多方法可以缓解这个问题。例如，我们可以通过修改解码器的逻辑来惩罚过长的翻译。另一个想法是，在试图缩短政府机构的消息时，可以手动检查它们的推特策略，并在推特上选择那些看起来可接受和可执行的消息，如压缩文章或使用授权缩写。

3.7.3 主题标签的出现、布局和翻译

把主题标签从一种语言翻译为另外一种语言，是机器翻译推文时的挑战之一。研究者使用了很多主题标签来标记推文，并根据主题标签把消息归纳为特定话题。这些标签是元数据非常有趣的表现形式，同时自动挖掘和翻译这些标签非常有用。Gotti et al. [2014] 运用语料库驱动方法解决了这个问题，该方法曾应用于加拿大政府发表的推文中。他们从 12 个加拿大政府机构导出的平行双语语料库中采集了 8 758 个法语和英语推文组，图 3.2 展示了来自双语语料库的一个推文组。

did you know it's best to test for #radon in the fall / winter ? <url> #health #safety
l' automne / l' hiver est le meilleur moment pour tester le taux de radon. <url> #santé #sécurité

图 3.2 分词后，从 Health Canada/Santé Canada 双语消息组中提取的推文组

1. 主题标签频率

在这个语料库中，主题标签占所有符号的 6% ~ 8%，服从 Zipfian 分布。[①]这个语料库中主题标签的特定统计分析如表 3.7 所示。该表显示，这些推文组分别包含 142 136 个英语符号和 155 153 个法语符号。

表 3.7　平行双语语料库中主题标签用途统计 [Gotti et al., 2014]

	英语	法语
推文数	8 758	8 758
符号数（词和主题标签）	142 136	155 153
主题标签数	11 481	10 254
主题标签类别数	1 922	1 781
平均每条推文包含主题标签数	1.31	1.17
主题标签数占符号数的百分比	8.1%	6.6%
带有至少一个主题标签的推文数	5 460	5 137

2. 主题标签位置

主题标签出现在推文头部，表明推文的话题，或者出现在推文文本中，而不是出现在传统词语中或推文尾部。如图 3.3 所示，推文样本包含了出现在不同位置的主题标签。

· 头部主题标签：#Canada

· 内联主题标签：#health、#mothers、#children

· 尾部主题标签：#MNCH、#globalhealth

---

① 有些主题标签出现的频率非常高，而许多主题标签都只出现一次。

图 3.3 在三个可能位置中带有主题标签的原始推文

表 3.8 呈现了主题标签在推文头部和尾部的分布。

表 3.8 头部和尾部主题标签的分布 [Gotti et al., 2014]

	英语	法语
推文数	8 758	8 758
带有头部主题标签的推文数百分比	10.7%	10.1%
带有尾部主题标签的推文数百分比	87.3%	86.5%
带有头部、尾部主题标签的推文数百分比	10.4%	9.8%
主题标签数	11 481	10 254
头部主题标签百分比	8.2%	8.7%
尾部主题标签百分比	30.9%	28.9%
头部、尾部标签数的总百分比	39.1%	37.5%

3. 主题标签和未登录词

80% 的主题标签是前面加 "#" 号的单词，其余的几乎都是多词主题标签，可以使用简单的分割算法来提取。它们还可能是语言中未知的未登录词（OOV）主题标签，表 3.9 展示了主题标签和未登录词的统计。

表 3.9 Hansard 语料库中英语和法语词汇的未知主题标签的百分比
[Gotti et al., 2014]

	英语	法语
主题标签数	11 481	10 254

（续表）

	英语	法语
主题标签类别数	1 922	1 781
不含井号的未登录词主题标签的百分比	23.2%	20.6%
不含井号的未登录词主题标签类别的百分比	16.7%	17.4%

　　虽然没有关于剩余未登录词主题标签的具体分布数据，不过很显然大部分都是多词标签（例如，#RaiseAReaderDay 或 #Nouveau-Brunswick）。为了能接近可拆分为英语（或者法语）单词的未登录词主题标签的比例，Gotti et al. [2014] 提供了一个简单的由相应语言词汇支持的主题标签分割程序。该程序采用的算法，只是试图确定能否将未知的主题标签拆分成基础词汇（包括数字）已知的子字符串。表 3.10 显示了分割后的主题标签和未登录词主题标签所占百分比的数据。

表 3.10　多词标签自动分割成简单单词后，"标准"英语和法语词汇的未登录词主题标签百分比 [Gottiet al., 2014]

	英语	法语
主题标签类别数	1 922	1 781
未登录词主题标签类别的百分比（依据表 3.9）	16.7%	17.4%
多词标签分割后，未登录词主题标签类别的百分比	3.7%	4.7%

　　通过对 5 000 条主题标签进行双语对齐的人工分析，结果表明：在他们翻译的推文中，5%（法语）到 18%（英语）的标签没有对应物。这个分析结果进一步表明，人工能够正确翻译 80% 的多词标签，而错误翻译可能是由于有关社交媒体不完整的翻译

指令造成的。Carter et al. [2011] 也做了语言识别和主题标签翻译的相关工作。

Gotti et al. [2014] 同样设计出了一个结合各种评估指标的基线系统。基于该基线系统，他们还提出了一些整合了预处理和后处理步骤的 SMT 系统，并展示了这些资源以及他们进行的分析将如何引导 SMT 流水线的设计和评估。使用推文专用分词器的基线系统展现出了令人满意的结果，同时，还能够通过分别翻译头部、尾部和文本来改善系统性能。

3.7.4 阿拉伯社交媒体的机器翻译

人们喜欢在社交媒体上使用各自的母语进行互动。实际上有很多用户，他们有共同的兴趣爱好，但是使用不同的语言，为了方便这些用户间的多语言交流，机器翻译技术起到了至关重要的作用。不过由于缺乏社交媒体资源，所以社交媒体消息的机器翻译还面临很多挑战。

如前所述，实际上很难利用机器翻译系统来处理双语资源。尤其是在翻译方言、非标准或者含有噪声的消息的时候，将变得更加困难。尽管如此，在处理阿拉伯语以将其运用于社交媒体分析和机器翻译的时候，虽然缺乏阿拉伯语方言资源，但还是能通过把阿拉伯语方言映射到现代标准阿拉伯语（MSA，大多数阿拉伯国家的正式语言）上来开发机器翻译系统。

研究人员使用众包来建立阿拉伯语方言到英语的平行语料库 [Zbib et al., 2012]，并将其作为机器翻译的资源，然而很少有人研究把阿拉伯语方言翻译成 MSA 的方法 [Bakr et al., 2008、

Sawaf, 2010、Shaalan et al., 2007]，然后使用可用的 MSA 自然语言处理工具开发机器翻译系统。

正如第二章讨论的那样，在社交媒体中，阿拉伯语方言的语言处理是一项很有挑战性的任务。阿拉伯文字可被写成各种形式，如罗马化（使用拉丁字母）、使用或不使用变音符。甚至即使都是阿拉伯语方言的使用者，他们也不一定能够互相理解 [Shaalan et al., 2007]。此外，阿拉伯语方言还经常偏离 MSA，没有固定的语法规则。

Shaalan et al. [2007] 提出了一种基于一定规则的埃及方言到 MSA 的词汇映射方法。埃及方言到 MSA 的映射是通过一对一或者一对多的单词匹配实现的，该方法使用了 Buckwalter 形态学分析器（BAMA）[Buckwalter, 2004]，其中 Buckwalter 表能够使用阿拉伯语方言元数据来优化。通过采集和提取网页中的阿拉伯语文本创建埃及语料库，就能在现有的 Buckwalter MSA 词典基础上建立阿拉伯语词典。

根据这一研究，Bakr et al. [2008] 表明：把阿拉伯语方言转化为区分读音的（diacritized）现代标准阿拉伯语，能够更好地消除单词间的歧义。因此，他们以半自动的方式对埃及语料库进行了分词处理和词性标注。然后，自动为现代标准阿拉伯语词汇进行分词处理，并添加标签。同时，还使用人工方式来验证方言单词的标注，并为阿拉伯方言附加标签。利用词性标注把阿拉伯语方言转化到 MSA 的过程中，应用了一种基于规则的方法。首先，将查找法应用到每个方言词典，得到相应的区分读音的 MSA 单词及其在目标句子中的正确位置。每个单词可能有不同的选择，将这些选择和词性标注学习的结果进行比较，根据词性选择结果，可以选择正确的区分读音的单词。

Boujelbane et al. [2013] 和 Al-Gaphari and Al-Yadoumi [2010] 分别针对突尼斯方言和萨那口音做了类似的工作。Boujelbane et al. [2013] 通过转化 MSA 树库(宾州阿拉伯语树库)，提供了一个用作突尼斯阿拉伯语树库的突尼斯语料库。他们通过使用基于规则的方法，创建了一个双语词汇和方言的语料库，以此实现 MSA 到突尼斯语的映射。Al-Gaphari and Al-Yadoumi [2010] 同样使用基于规则的方法，把方言翻译成了 MSA。他们的实验表明，将萨那方言翻译为 MSA 很少失真。

作为社交监测系统 TRANSLI（见附录 A）的一部分，预处理的第一步是根据他们的位置识别阿拉伯语推特消息并进行分类的。值得一提的是，该系统的核心部分是基于统计机器翻译的。为了创建一个阿拉伯语社交媒体分析工具，自然语言处理科技公司与魁北克大学蒙特利尔分校（UQAM）合作开展了 ASMAT（阿拉伯语社交媒体分析工具）项目 [Sadat et al., 2014a,b,c]。该项目通过预处理和标准化，为基于机器翻译和语义分析的应用铺平了道路。

一般而言，将阿拉伯语方言映射到 MSA 所做的努力还不够，因为阿拉伯语方言的预处理既受困于资源和标准语法的缺乏，也受困于语言处理工具的缺乏。因此，阿拉伯语方言的机器翻译并不是一个简单的任务，尤其是在没有平行文本或者转换词典等资源可用的时候，这项任务显得异常困难。

3.7.5 机器翻译的评估指标

机器翻译系统的评价方法可以是自动的，也可以是人工的。自动评价的方法之一是 BLEU[Papineni et al., 2002]。BLEU 通过计算自动翻译的文本和人工翻译的多条参考译文重叠的 n-gram（它强调精确率，不像 ROUGH 那样强调召回率）来衡量机器翻译的质量。人工评价方法则需要人工按照不同的标准来评定翻译出的文本，这些标准包括充分性（翻译是否表达正确的意思）和流畅性（忽略意思的正确性，注重翻译是否流畅）。

下面展示一个推文翻译的例子，同时显示主题标签翻译的效果。表 3.11 显示了在考虑推文结构后得到的翻译性能，这些结构包括后记、前言和主题标签翻译的结构输入。系统性能是通过 BLEU 得分和文字错误率（WER）来估计的。翻译系统产出的主题标签的召回率、精确率和 F-measure 也用来评估翻译系统的性能，并分别用 hash-R（标签召回率）、hash-P（标签精确率）、hash-F（标签 F-measure）表示，剩下未翻译的标签会损失召回率。

表 3.11　Gotti et al. [2014] 得到的翻译性能

	英语→法语	法语→英语
文字错误率	9	48
BLEU 得分	35.22	32.42
BLEUnohash 得分	38.23	36.22
标签召回率	23	19
标签精确率	74	87
标签 F-measure	35	31

3.8 总结

本章我们提出了社交媒体文本自然语言处理应用中使用的方法，并着眼于社交媒体消息中非常流行的情感和情绪分析应用的方法。目前已有多种信息提取方法被开发出来，我们强调了计算语言学工具在社交媒体文本信息提取中的新地位。人们不仅对事件检测有兴趣，对事件位置检测和推文作者检测也同样感兴趣。同时，本章还讨论了提取社交媒体文本摘要的实用技术，以及将非正式文本翻译为其他语言的相关方法。

通过对本章的学习，我们可以看到社交媒体文本语义分析应用技术已经有了很大的进步，但还有充分的提升空间。未来，可以通过结合两个来源的信息，改善非文本社交媒体元信息的可用性，提高社交媒体文本语义分析的准确率。我们在下一章将介绍几个用到本章提到的方法的应用。

第四章
社交媒体文本分析应用

4.1 导论

前文已经提到过，社交媒体平台在日常生活中的应用愈加广泛，数字营销在公司或小型企业也占有一席之地。本章将讨论用户生成内容的价值，也强调使用自然语言处理技术的社交媒体应用的好处。这些社交媒体的语义分析应用影响范围广泛，包括个人、行业、小企业、餐厅、艺术和文化组织、金融机构、保险公司和教育机构。个人和团体可以通过社交媒体分析预测市场行为或者消费者喜好，在战略计划执行之前做出改善，从而影响进一步的投资。

一些大公司如谷歌、亚马逊和彭博社，通常利用话题分类和社交媒体挖掘技术对人们的言论进行大数据分析。它们通过聚类或者其他机器学习方法来选取相关数据，一旦确定了兴趣聚类，那么此时对社交媒体数据最有效的处理方法之一就是NLP技术。

本章剩余部分将介绍以下应用：4.2节介绍医疗保健应用；4.3节的重点是金融应用；4.4节介绍关于基于社交媒体文本预测投票倾向的研究；4.5节讨论社交媒体监测技术；4.6节介绍安全和

国防应用；4.7 节着眼于灾难监控和响应应用；4.8 节介绍如何利用社交媒体计算用户资料，特别是基于自然语言处理的用户建模；4.9 节讨论娱乐应用；4.10 节重点介绍基于自然语言处理的社交媒体信息可视化技术；4.11 节重点介绍政府通信的相关内容；4.12 节是本章的总结。

4.2　医疗保健应用

供人们讨论健康的在线平台很多。例如，EHealth 论坛 ① 是用于医疗问答的社区网站，它提供一些子话题，例如心理健康、两性健康、癌症、感情关系和营养等。也有一些网站专注于不同的话题，例如，Spine Health ② 提供如何缓解背部疼痛和颈部疼痛的信息，在这里会员们可以讨论疼痛、健康状况和治疗方法。尽管有时候他们会使用医疗术语，但总的来说，他们之间的交流语言通常是非正式的。我们可以从这种帖子和讨论中自动提取不同的信息，例如，可以在各个论坛运行自动问答机制，以找到治疗椎间盘突出的合适方案，同时可以验证微创腰椎间盘切除手术是否可行。通过各种论坛，基于 NLP 的系统能找到从精神和身体上如何帮助改善背部疼痛的方法，如戒烟、运动或者做一些康复训练。

医疗论坛的观点挖掘和博客的观点挖掘相似，只不过其兴趣集中在特定的医疗问题上。例如，Ali et al. [2013] 从关于听力设备的医疗论坛上采集文本，并把它们分成消极（如谈论佩戴助

---

① http://ehealthforum.com/

② http://www.spine-health.com/

听器的坏处）、中立和积极三类。第一步要做的就是自动过滤帖子，只保留与话题相关的帖子（包括意见）。对观点分类任务来说，采用的技术是基于机器学习和 / 或类似 3.4 节讨论的极性词语计数。

与健康应用相关的一个重要方面是隐私保护。去识别化是去除文档中敏感的个人信息的过程，以免信息被泄露给第三方 [Uzuner et al., 2007、Yeniterzi et al., 2010]。去识别化在卫生信息学中非常重要，尤其在处理病人的病历时更是如此。去识别化可以看作是个人健康信息（PHI）的检测，例如姓名、出生日期、住址、健康保险号码等。在诸如 Patients like me① 的社交平台上，需要检测 PHI 并会警告用户修改他们的帖子，避免泄露太多的个人信息。Sokolova et al. [2009] 研究了不同类别文本的 PHI 检测。Bobicev et al. [2012] 等研究了基于推文中关于健康问题的敏感信息检测的健康问题观点分析。去识别化的一个逆问题是链接不同文档或者数据库中提到的有关同一个人的信息 [Liu and Ruths, 2013]，这在同一个人在不同诊所或者医院有很多病历的时候是很有必要的。

临床试验之后，药物研究人员依靠患者自我报告处方药的副作用来搜集信息。基于患者现在在社交媒体上自我报告的大量信息，研究人员更容易进行被称为"药物警戒"的不良药物副作用监测。Nikfarjam et ál. [2015] 对利用 NLP 技术从社交媒体中提取药物不良反应（ADR）进行了研究，形成一个名为 ADRMine 的概念提取系统，如图 4.1 所示。

---

① http://www.patientslikeme.com/

a) #**Schizophrenia**Indication #Seroquel did not suit me at all. Had severe **tremors**ADR and **weight gain**ADR.

b) I felt awful, it made my **stomach hurt**ADRwith bad **heartburn**ADR too, **horrid taste in my mouth**ADR tho it does tend to clear up the **infection**Indication.

图 4.1　标注讨论药物不良反应帖子的例子 [Nikfarjam et al., 2015]

对 ARDMine 的训练依赖两个数据集：一个是来自推特和 DailyStrength（聚焦健康的社交网络）的超过 8 000 个社交媒体帖子的专家标注语料库，另一个是来自社交媒体的超过 100 万个用户句子的未标注语料库。研究人员使用后者——较大的未标记语料库——学习词嵌入，以便通过 k-均值聚类生成字符相似性信息，这个聚类信息是最终模型中的一个特征。研究人员利用现有的医学语言数据库编制了含有超过 13 000 个 ADR 相关短语的词库。ADRMine 系统的主要预测组件是一个 CRF 分类器，在上面提到的带注释的语料库上进行训练。研究人员使用上下文信息（围绕被分类的字符的六个字符），指示该字符是否存在于 ADR 短语词库中的二进制特征，该字符的词性标签和否定标签作为系统特征。另外，为了改善基线性能，研究人员将来自上述 k-均值聚类的聚类相似性信息纳入被分类的字符和周围的上下文字符之中，最终模型达到了 0.82 的 F-score。

Nikfarjam [2016] 将此研究扩展到 DeepHealthMiner，一种不良药物反应（ADRs）分类的深度学习方法，如图 4.2 所示。这个模型使用了超过 300 万个用户句子来生成字符串的词向量。这些字符串随后被用作前馈神经网络的输入，该网络试图区分句子中的 ADR 字符和其他类型的字符。一旦标记被标示为 ADR，则会将其与 ADR 短语的词库进行比较，以便预测该帖子正在讨论哪个 ADR。这种基于词库的方法实现了 0.64 的 F-measure，其性能低于 ADRMine 系统。

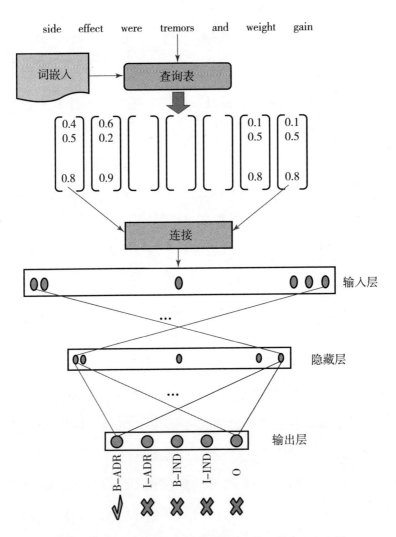

图 4.2　DeepHealthMiner 神经网络架构 [Nikfarjam, 2016]

Stanovsky et al. [2017] 也承担了从社交媒体文本中提取 ADRs 的挑战性任务。与 Nikfarjam et al. [2015] 不同，这些研

究人员试图表明，质量模型可以在没有大量专家标注的培训数据的情况下进行培训。他们的方法是开发一个主动学习系统，在模型开始预测之前，只需要少数预备训练实例。然后，一个人类仲裁者会迅速接受或拒绝该模型的决定，使其无须大量专家标记的数据即可快速学习。本研究中的中心模型是递归神经网络（RNN），其中输入来自医疗社交论坛的帖子的嵌入字。为了增强单词矢量化，研究人员还利用了 DBpedia 知识图嵌入，它可以为特定领域的单词提供更多有用的矢量化。这个模型在提供训练数据时达到了 0.93 的 F-score，而仅使用主动训练时的 F-score 为 0.83，这也证明在没有足够的训练数据时自举训练（bootstrapped training）的巨大潜力。

通常，病人倾向于在社交媒体论坛（如 PatientsLikeMe）上发布关于他们的健康、治疗和药物效果，以及情感、体验的帖子。在检测潜在的精神疾病时，关于焦虑或者抑郁状态的数据也是很有用的。关于人们心理健康的讨论，最近已经超出了健康专题论坛这一平台。例如，McClellan et al. 使用主题建模来收集与抑郁症或自杀有关的 1.76 亿条推文，使用这个数据集，研究人员分析了用户讨论这些心理健康问题时的交流模式。这些研究在改善社交媒体平台上的心理健康外展活动的后勤和组织方面十分有用。

随着社交媒体使用量的增加和广泛的自我表露 [Park et al.,2012]，研究者已经开展了越来越多的识别个体以及社会层面的精神障碍的研究。研究人员利用行为特征、抑郁症语言、情绪和语言风格、社交活动减少、消极情绪增加、集群社交网络、人际关系及医疗恐惧增加、宗教参与中表达的增加、使用否定词等特征作为严重抑郁症的信号 [De Choudhury et al., 2013a]。Tsugawa et al. [2015] 还使用一些句法特征，比如词袋（BOW）和词频来识别推文主题的比例，由此得出结论：与使用词袋模型相比，主题建模对预测模型也有积极的作用，但这也可能导致过拟合。

NLP 技术在识别在线治疗中个体抑郁的进展和抑郁水平方面的成功应用，可以为临床医生带来更多的启示，从而有效且高效地应用干预措施。Howes et al. [2014] 从在线心理治疗提供者收集的 882 条记录，确定了语言特征的使用在预测病情进展方面可能比情感和基于主题的分析更有价值。与使用三种主要极性类别（即正面、负面和中性）的传统情绪分析方法相反，Shickel et al. [2016] 将中立类别分为两类：既不积极，也不消极；既有积极，也有消极。通过使用句法、词法以及在矢量空间中将单词表示为矢量（词嵌入），他们设法为四类极性预测实现了 78% 的整体准确性。

De Choudhury et al. [2013b] 提出了包括自动计算社交媒体抑郁症（SMDI，社交媒体抑郁指数）在内的确定社交媒体用户抑郁程度的方法。Schwartz et al. [2014] 使用 n-grams 训练的分类模型、语言行为和隐狄利克雷分布（LDA）主题作为特征来预测易患抑郁症的个体。除了开放词汇分析和基于词典的方法，如 LIWC，Coppersmith et al. [2014a] 提出的语言模型，主要基于一元模型和五元字符模型来确定是否存在精神障碍。

计算语言学和临床心理学研讨会（CLPsych 2015）共享任务 [Cop-persmith et al., 2015b] 根据 Coppersmith et al. [2014b]

介绍的程序，收集推特上关于创伤后应激障碍（PTSD）和抑郁症的自我报告数据。共享任务参与者被提供了关于 PTSD 和抑郁症的数据集，其中的数据都是用户自我报告数据。使用推特 API 收集了数据集中每个用户的近 3 200 个最近发布的帖子。Resnik et al. [2015] 的系统在 CLPsych 2015 共享任务中排名第一，他们基于监督 LDA、监督锚（用于主题建模）、词汇 TF-IDF 得出的特征和所有特征的组合创建了 16 个系统。具有线性核的 SVM 分类器，对于所有三项任务（即抑郁与对照、PTSD 与对照以及抑郁与 PTSD）获得高于 0.80 的平均精度，并且将 PTSD 用户与对照组进行区分的最大精度为 0.893。Preotiuc-Pietro et al. [2015] 采用 CLPsych 2015 共享任务提供的语料库中的用户元数据和文本特征来开发线性分类器，以预测患有任何一种精神疾病的用户。他们使用词袋法将词数、聚类方法得出的主题和来自用户个人资料的元数据（如粉丝、关注者、年龄、性别）汇总为主要特征类别，通过在分类器集成中使用逻辑回归和线性 SVM，他们获得的所有三项任务的平均精度均高于 0.800，而将对照组中的用户与抑郁症患者区分开来时的最大精度为 0.867。

与无监督聚类方法相比，监督 LDA 和监督锚模型的使用是非常成功的，甚至比使用 n-grams 和其他基于词典的方法等语言学方法更有效。Resnik et al. [2015] 证明，这些方法可以成功识别抑郁症用户，他们在推特上自我披露了精神疾病。一般来说，不同精神障碍患者使用的词汇和句法结构以及对照组内个体之间的明显区别，可以在上述文献以及由 Gkotsis et al. [2016] 进行的探索性分析中确定。

Coppersmith et al. [2015a] 介绍了一种利用推特上发布的自我诊断的新方法来识别用户心理健康状况。他们扩大了这项研究，使其包含 10 个不同条件的结果，并控制性别和年龄分布。数据收集过程包含通过推特上的帖子扫描诸如"我刚刚被诊断为患有 X"之类的陈述，其中 X 匹配被检查的 10 个条件之一。对于每个被诊断的用户，收集了超过 100 条推文。为了区分不同情况，研究人员检查了各种条件下用户之间 LIWC 类别的差异。这种分析表明，某些状况（例如进食障碍和季节性情感障碍）表现出不同的语言模式，而另一些（例如焦虑和沮丧）更难以区分。为了扩大在这种区分中使用的词汇，研究人员又使用基于字母的 n-gram 模型（CLMs）。对每种情况使用 CLM 评分，在特定情况下识别率较高（对于焦虑有 86% 的准确性，对于进食障碍有 76% 的准确性）。这表明，未来使用语言功能区分精神健康状况可以取得丰硕的成果。

Benton et al. [2017] 利用 Coppersmith et al. [2015a] 的数据集，通过推特设计一种用于心理健康诊断的新型神经架构。研究人员使用三个数据集识别出具有某种心理健康障碍的推特用户，并训练了一个多任务学习（MLT）模型，该模型共享三个独立训练的神经网络参数。他们假设三个数据集中表达的模式高度相关，因此是 MLT 的良好候选项。这些实验结果在疾病分类上各不相同，但是在双相障碍和创伤后应激障碍（PTSD）任务中表现出极大的改善，且使用的训练数据最少。

Jamil et al. [2017] 提出了一个自动化系统，可以从他们的公共社交媒体活动中，更具体地说，从推特中识别有患精神疾病风险的用户。数据来自 #BellLetsTalk 活动，该活动是一项广泛的多年期计划，旨在打破加拿大各地对精神疾病的沉默并支持精神健康。标注数据集包括 160 个用户，研究人员培训用户级分类器来检测有精神疾病风险的用户。他们还训练了一个推文级分类器，用于预测推文是否暗示抑郁症的存在。由于数据不平衡（平均而言，每个抑郁症患者有大约 5% 的体现抑郁症推文和 95% 的不体现抑郁症推文），加上缺少短推文中的信息，更增加了这项任务的难度。欠采样法被用来解决类别失衡问题，使用该方法的分类器在推文级的召回率高，但精确率低。因此，此分类器仅用于计算体现抑郁症的推文的估计百分比，并将此值添加到用户级分类器的功能中。对于 #BellLetsTalk 数据集中的用户级分类，最佳结果是：SVM 分类器具备 0.70 的精度、0.85 的召回率和 0.77 的 F-score，具有极性词语计数、体现抑郁症的词的词数和代词数等特征，并自动估计每个用户体现抑郁症的推文比例。

最近，社交媒体健康研究的主要焦点是鉴定讨论精神健康的帖子，并且辨别正在讨论的具体情况。Gkotsis et al. [2016] 采用了这种语言学方法来分析流行社交媒体论坛 Reddit 上的心理健康帖子。这项研究的任务是判定哪些语言特征可用于确定与精神健康状况和其他应用有关的帖子，例如确定需要紧急关注的帖子。Gkotsis et al. [2016] 利用提供许多专题论坛（或 subreddits）的流行社交媒体网站 Reddit 上的数据。研究人员收集了来自 16 个专题论坛的帖子，专门讨论 10 种不同的心理健康状况。这些文本的特征集包括基于之前心理语言学工作（如 LIWC 和 Coh-Metrix）建立的度量，以及不同的可读性和复杂性度量。研究人员使用衔接性（用句子之间的词语重叠度量）、水平复杂度（用句子计数度量）和垂直复杂度（用每个句子的解析树的高度来衡量）等特征检查复杂性。结果表明，专题论坛之间没有太多语言差异，这意味着这些特征对于分类系统来说是不够的。然而，通过比较心理健康讨论中的词汇差异，研究人员能够注意到相同条件下专题论坛的显著相似性（区分准确率为 60%）和不同条件下专题论坛之间的差异（区分准确率为 90%）。

最近，CLPsych 2016[①] 和 2017[②] 的共同任务是进一步挑战研究界的分类器开发，以便能自动对 ReachOut.com 主办的在线同侪支持论坛的帖子进行优先排序。这些论坛由一群训练有素的专业人士和志愿者精心主持，他们确保论坛内容的安全、积极和健康。共享任务旨在通过自动识别有关内容来为这些主持人提供支持，以便尽快完成任务。对于这项任务，ReachOut 已经用红色、琥珀色、绿色信号标注了一个由帖子组成的语料库，用以表明他们需要主持人注意的紧急程度。系统利用帖子内容（包括情感、主题、线程上下文和用户历史记录）将帖子分为三类："红色""琥珀色"和"绿色"。第四类为"危机"，也是可用的，但只有很少的培训实例，标示为"危机"的帖子需要主持人紧急干预。除了 947 个培训帖子外，还有一组 241 个测试帖子被标注，用于评估共享任务系统。

2016 年共享任务中的一些最好结果是由 Shickel and Rashidi [2016] 获得的，他们把标准化的一元模型与更广泛的帖子特征结

---

① http://clpsych.org/shared-task-2016/

② http://clpsych.org//shared-task-2017/

合使用，其中一些特征基于同一线程中其他帖子的数量和内容。他们的系统实现了 0.84、0.83 和 0.82 的平均精度、召回率和 F-measure。Brew [2016] 论证了"绿色"帖子的精度、召回率和 F-measure 分别为 0.93、0.84 和 0.88，"琥珀色"和"红色"帖子之间有更好的区分。该系统使用一个小功能集，并强调使用径向核的 SMO 分类器。2017 年共享任务使用了 2016 年的数据和一个新的测试集，还可能使用额外的未标记数据。

4.3　金融应用

　　行为经济学研究公众情绪和经济指标之间、金融新闻或谣言和证券交易波动之间的相关性。公众情绪测试通常采用传统的投票（调查）方式，但是这种方式费时费钱。最近的研究表明，社交媒体数据在金融应用中也很有用。推特数据是展现公众情绪自动评估和社会经济现象之间关系最常用的社交媒体数据，另外，也有很多专门为用户交换经济信息而设计的社交媒体平台，下面会提到。

　　经济指标通常通过传统社会经济调查来计算。Mao and Bollen [2011] 研究大型搜索引擎提取的数据和推特数据能否替代传统调查，他们特别仔细地检查了美国劳工部和两个投资者情感调查给出的密歇根消费者信心指数、盖洛普经济信心指数以及每周请领失业救济金人数，他们的结果从统计意义上表明了这些社会经济指数的重要性。他们还发现，推特上自动得到的投资者情感数据可以作为金融市场的引导指标，而现有的调查往往比较滞后。

随着时间的推移，道琼斯工业平均指数（DJIA）是人工和自动预测的重要指标之一。Bollen etal. [2010] 通过两个情绪跟踪工具，一个衡量正面和负面情绪，另一个衡量六个方面的情绪（冷静、警惕、确信、有活力、善良、快乐），来分析推特的日常文本内容。他们通过比较两个工具对公众在总统选举和 2008 年感恩节的反应的检测能力，来交叉验证由此产生的情绪时间序列。结果表明，一些 DJIA 预测的准确率能通过包含的特定公众情绪得到显著改善，但不是所有预测都这样。该实验在预测 DJIA 收盘值的日常浮动时，准确率达到了 87.6%。Porshnevet al. [2013] 也研究了推特数据中体现的用户的心情，他们使用基于词典的方法，在超过 7.55 亿条推文中评估八种基本情绪，同时使用支持向量机和神经网络算法来预测 DJIA 和 S&P 500 指数。社交媒体文本的情绪分析和分类技术的详情见 3.4 节。

Ranco et al. 正式将公众回应纳入"事件研究"的经济原则，该研究依赖与某些公司或市场指数相关的推特数量的最大值。股市和社交媒体关于"事件研究"的讨论在某些时候相互依赖的观点促使研究者对这些事件研究进行调查。为了检验推特情绪与股票市场指数的关系，Ranco et al. 使用了 2013—2014 年的价格回报数据和 150 万个以 "money" 为标签的推文。为了预测推文的情绪，研究人员使用了一个在由 10 万名专家标记的推文上训练的 SVM 分类器，将用于训练 SVM 分类器的训练样例应用词袋法转换为特征，具有分词、词形还原和 TF-IDF 加权。

Sulet al. [2014] 也采集 S&P 500 公司的推特帖子数据，并分析它们累积的情绪效价。他们将得到的结果和 S&P 500 日均股票市场收益作比较，研究结果显示，特定公司推文的累积情绪效价（正面或负面）和公司的股票收益密切相关。有大量粉丝（大于中值）的用户发布的推文，体现出的情绪效价对当天收益有更大影响，因为其情绪会迅速传播并体现在股票价格中。相比之下，拥有少量粉丝的用户发布的推文，体现出的情绪效价对未来股票收益（10 天收益）有更大影响。

　　股票投资作为资本市场的基本组成部分，在优化资金配置、筹资和资产增值中具有重要意义。由于股票具有高收入和高风险的投资特性，预测和估计股票价格对投资者来说有很重要的现实意义。但是股票价格往往在波动，它们经常受投机因素的影响，几乎不可能准确预测。从众心理是预测股票价格必不可少的环节。最近，随着社交网络例如 Facebook、推特或新浪微博的膨胀式发展，用户之间交换金融信息的次数越来越多。Jin et al. [2014]提出了一种基于社交网络和回归模型的股票预测方法，他们使用 NASDAQ 市场的真实数据集和推特数据来验证他们的模型。Chen et al. [2014] 也使用社交媒体文本进行股票市场预测。Chen and Du [2013] 基于在线中文股票论坛 Guba.com.cn 的数据，预测了上海、深圳证券交易市场的波动。Simsek and Ozdemir [2012] 分析了土耳其推文和土耳其股票市场指数的关系。Martin [2013] 使用社交媒体分析预测了法国股票市场的波动。

　　Yang et al. [2014] 基于推特数据建立了金融界网络模型。Chen et al. [2011] 对发表在华尔街日报和 Seeking Alpha（一个社交媒体平台）上的文章进行了分析。他们的研究表明：即使在控制传统媒体的情绪之后，社交媒体情绪仍然与同期和随后的股票收益密切相关。Chen et al. [2014b] 也考察了 Seeking Alpha 数据。在 2005—2012 年间，从网站收集了 97 000 篇观点文章和 46 万条评论后，他们使用无监督的方法来确定情绪对累积异常收益的影响。在获得了其他媒体如道琼斯文章的情绪后，研究人员衡量了文章和评论中负面词的比例。结果是，在一段时间内，文章和评论的消极性与正在讨论的股票累积异常收益之间有很强的相关性。他们认为，当文章中负面词语的比例高出 1% 时，累积异常收益率下降 0.397%；当评论中负面词语的比例高出 1% 时，累积异常收益率则下降 0.197%。

对于市场参与者密切关注的文章和主要由散户投资者持有的公司来说，媒体效应更强。Bing et al. [2014] 使用了数据挖掘算法，用来确定选出的在 NASDAQ 和纽约证券交易所上市的 30 家公司的价格是否能用采集到的 1 500 万条推文来实际预测。他们通过 NLP 技术提取了模糊的文本推文数据来定义公众情感，然后使用数据挖掘技术来发现公众情感和真实股票价格走势之间的关系。他们能预测一些公司的股票收盘价格，且平均准确率上升到了 76.12%。

Schniederjans et al. [2013] 对个别公司在应对社交媒体上的用户情绪来预测并在某些情况下影响其财务绩效这一压倒性的证据进行了研究。该研究试图确定品牌自身参与社交媒体的效果，因为它与印象管理（Impression Management，IM）有关。研究人员从 150 家公司的博客、论坛和企业网站收集社交媒体数据，然后清除数据中含有噪声的标签和非信息格式，再将数据分割成句子并过滤，最终只包含与印象管理相关的句子。预处理后，研究人员使用这些数据来训练 SVM 分类器，以预测每个社交媒体帖子所针对的是五个 IM 维度中的哪一个。SVM 分类器（见图 4.3）能够以 70% ～ 75% 的准确度（分类过程是一系列 5 个不同的二元分类器）预测句子所属的 IM 维度。多元回归结果证实了研究人员的假设，即印象管理中的社交媒体应用与财务绩效呈正相关。

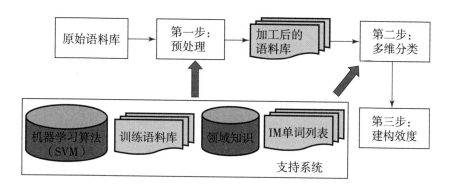

图 4.3　基于 SVM 的用于印象管理（Impression Management）的文本挖掘程序 [Schniederjans et al., 2013]

4.4　预测投票意向

基于社交媒体消息预测投票意向的研究，在本质上和 3.4 节描述的情绪分析相似。在应用情绪分析技术之前，有必要检测消息的话题，确保它们是关于所需主题或者关于感兴趣的政治实体之一。最简单的实现方法是基于关键词搜索。另外，文本分类方法也能将消息分为与任务相关或者不相关的类别 [Lampos et al., 2013]。

通常，政治意图是通过真实的民意调查来预测的，这些民意调查由一个问题和一组预定义答案组成，选民可以从中选择。用户可以亲手投票，抑或通过手机或者在线系统来投票。基于社交媒体的自动投票预测有一个优势——用户不被打扰，因此民意调查效率也很高。但是它的预测准确度可能比真实投票要低，因为在衡量调查中人口的代表样本时，很难控制样本结构。

在社会调查网站 SodaHead 上，一项自动民意调查模仿了一个真实的政治民意调查，自动确定选民选择的答案，并给出了他们在投票后的评论。研究中，Persing and Ng [2014] 不仅利用了从评论中提取的信息，同时还有超文本信息，例如用户人口统计信息和评论之间的限制信息。他们对在该网站上采集的接近100 万条评论的评估中发现，当使用超文本信息的时候，能使仅利用文本信息的投票预测系统性能得到显著改善。

Tjong Kim Sang and Bos [2012] 使用推特数据预测了 2011年荷兰参议院的选举结果，并利用真实选举结果来评估自动预测的准确度。Bermingham and Smeaton [2011] 以 2011 年爱尔兰大选作为案例，研究通过社交媒体信息挖掘来建立政治情感模型的能力。他们使用监督学习和基于体积的度量（volume-based measures），并结合情感分析，同时评估传统选举民意调查和最终的选举结果。他们发现，自动分析是很好的预测工具，他们还在竞选活动中对监测公众情绪的任务进行了一些观察，包括研究各种样本的大小和时间周期。Pla and Hurtado [2014] 在为TASS2013 研讨会开发的推特消息语料库基础上，预测了公众对西班牙政党的情感倾向。①

---

① http://www.daedalus.es/blog/sentiment-analysis-in-spanish-tass-corpus-released/

　　类似的研究中，Marchetti-Bowick and Chambers [2012] 通过一个推文数据集，预测了公众对奥巴马总统的情感倾向，他们的结果与盖洛普的总统职位批准的民意调查相关。他们用主题标签对数据进行标注，使用这种自动标注数据来训练监督分类器。这种自动标注数据的方式叫作远程监督。这样做也有风险，因为一些自动标注的数据并不可靠，特别是训练数据含有噪声，使得自动标注数据可能会导致很小的准确度损失。但相比人工标注训练数据，这种方法能节省时间和精力。Mohammad et al. [2014] 通过众包对 2012 年美国总统选举的推文进行属性标注，这些属性包括情感、情绪、目的和风格，结果①获得了超过 100 000 个众包响应，他们使用最先进的情感分析系统特征，开发了自动分类器来预测新推文的情绪和目的标签。

　　在不同于预测选举结果的应用上，Burfoot et al. [2011] 探讨了美国国会辩论文字整理稿的情感分类方法。Balasubramanyan et al. [2011] 将重点放在了政治博客帖子及其评论中的话题上。Arunachalam and Sarkar [2013] 建议政府监测社交媒体中的公民观点。Johnson et al. [2017] 调查了"框架"（framing），这是一种政治策略，政治家们在这个策略中小心地陈述他们的言论，以控制公众对问题的看法。他们通过结合推文的词汇特征和基于网络的推特行为特征，提出了一系列弱监督模型，以预测美国国会成员发布的推文中的政治话语框架。

---

　　① 针对包含有关情绪、风格和目的等方面的 13 个问题。

4.5 媒体监测

媒体监测是一种旨在通过观察和跟踪广播媒体、在线资源和社交媒体，把非结构化数据转化为有意义和有用信息的应用，这种应用可以被用作商业智能（BI）活动的强大工具。正如 3.5 节描述的，事件检测是社交媒体监测的关键方面。一些应用使用基于地理位置和时间的事件检测方法 [Farzindar and Khreich, 2013]，用来识别社交媒体平台（如 Instagram、Facebook、推特）上最热门的事件。

例如，2014 年新闻报道①，美国总统于 11 月 19 日在社交媒体上宣布，他打算在 11 月 20 日就移民行政命令在白宫发表演讲，同时第二天将会在拉斯维加斯提供进一步的细节。此次演讲在美国境内产生了影响，也影响到全球范围内关注美国移民政策的人，比如来自中国的投资者。

欧洲媒体监视器（EMM）是一个全自动系统，它通过收集超过 70 种语言的文章来分析在线新闻。Pajzs et al. [2014] 通过为命名实体识别、人员分类、名称词元化等方式开发了 EMM 匈牙利语文本挖掘工具，改进了该系统。他们提出了几个实验来处理匈牙利语的高度屈折变化和凝集，这些实验对浅层学习方法产生了非常积极和令人鼓舞的效果。

Nagarajanet al. [2009] 使用推特来提取关于现实世界事件的时空主题分析的群众意见，他们结合了名为 Twitris 的语义网页应用。TwitInfo 是推特上另一个基于微博的事件跟踪界

---

① http://www.cnn.com/2014/11/19/politics/obama-immigration-announcement-thursday/index.html?hpt=hp_t1

面，能够采集、聚集和可视化特定用户事件的推文 [Marcus et al. 2011]，该系统突出了峰值并标记推文活动来增强情感可视化效果。

在 2008 年美国总统第一次辩论和奥巴马就职典礼期间，Shammaet al. [2010] 利用视频片段和推特上的会话活动，研究现场视觉媒体活动。

附录 A 中，作为社交媒体分析和监测的案例研究，我们给出了 TRANSLI 平台的架构和界面。监测是指与用户兴趣有关的社交媒体帖子的聚合，分析是指有组织的信息和分析结果的发布，以及通过可视化仪表盘得到统计数据。TRANSLI 为特定事件采集信息，例如发布基于位置的新型智能手机，它能够完成本地或者全球监测。[①] 这些事件信息能被记者用来完善已发表的新闻文章。Guoet al. [2013] 研究了新闻文章和推特消息的直接对应关系，目标是丰富推文内容，加强语义处理。Diakopoulos et al. [2010] 运用一种可视化工具来帮助新闻工作者跟踪社交媒体中的事件。

公关机构很迅速地使用了社交媒体平台，发送新闻稿件并等待媒体撰写事件的传统方法已被社交媒体替代。分享新闻稿、创建围绕客户案例研究的社会活动、在 YouTube 上分享短视频、在推特或 Facebook 上发表言论，显著增强了世界的公共联系性。在很大程度上，记者搜寻事实时非常依赖推特、Facebook 和其他社交媒体平台。

越来越多的营销资源被推向社交媒体，我们可以采用 NLP

---

① http://www.nlptechnologies.ca/

技术来评估品牌的营销策略。

Chilet et al. [2016] 使用命名实体识别（NER）调查了市场压力对广告策略的影响。研究人员从 Instagram、时尚评论和在线产品信息中挑选设计师的帖子来创建他们的数据集。为了从文章中提取时尚符号，研究人员使用了 NER 标记模式，并且人工开发了含有 3 000 个时尚术语的词汇表。通过这些提取工作，研究人员能够确定行业领导者、品牌相似性以及品牌之间的大致竞争情况。

Song et al. 研究了客户和用户的帖子如何塑造品牌的在线业务。研究人员基于 3 亿多篇博客文章，利用 Socialmetrics 平台进行形态分析和解析。从这些结果中，他们建立了"品牌－用户"提及矩阵。对这些提及矩阵的分析包括衡量品牌和行业用户发布行为的相似性。研究发现，用户与在线空间产品的互动影响了市场的其他领域，部分原因是用户偏好的相互关联。

Henrich and Lang [2017] 从多方面入手来了解社交媒体上的产品受众，并在社交媒体沃森分析（Watson Analytics for Social Media）产品中实施。IBM 研究人员使用用户传记和来自数千名社交媒体平台用户的"专题"帖子，将受众群体按照人口统计学、产品相关行为和兴趣进行分类。他们结合了用于情感分析、主题建模和垃圾邮件检测的熟悉工具，主要依靠标注查询语言进行关键字和模式匹配来提取有关用户的结构化数据。由于客户对高精度模型有需求，所以 IBM 研究人员牺牲了召回率（达到 58.3% 的召回率），但使精确度达到了 90.0%。

4.6　安全和国防应用

从不同社交平台上可以获得大量用户生成的内容，这些内容大部分是以文本形式呈现的。由于人们只能阅读这些文本的一小部分，所以很难检测出可能威胁到公共安全的行为（例如提及恐怖活动或极端主义／激进主义的文本），这就是文本挖掘技术对安全和国防应用很重要的原因。我们需要使用自动化方法从文本中提取信息，并检测应该被标记为潜在威胁的信息，再转发给相关人士做进一步分析。

计算机算法可以用于安全、国防等相关领域，一个例子就是用于入侵检测的数据挖掘 [Mohay et al. 2003]，叫作取证数据挖掘。该数据挖掘技术旨在发现证据数据中的有用样品，或者研究嫌疑人的资料。在他们出版的图书中，Mohay et al. [2003] 提到取证应用中文本分类技术的潜在用途，例如，用作者归属来识别作者（例如社交媒体上威胁文本或者帖子的作者），或者使用文本挖掘来提取证据，发现链接和分析链接。

文本信息提取可以针对各种信息，任务可能是一个简单的关键短语搜索（集中于可能与检测恐怖分子威胁相关的关键短语）或者是复杂的话题检测（例如，把文本分类成与恐怖主义相关或者不相关）。许多研究者在研究话题检测，然而很少有人将研究重点放到社交媒体文本上 [Razavi et al. 2013]。

Kaati et al. [2016] 使用文本分析法来分析对移民持批判态度的瑞典媒体网站，他们专注于检测包含仇外情绪和阴谋论的叙述。他们用文本分析工具 LIWC 和一套词典来捕捉仇外表述。结果表明，主流媒体网站与关键替代网站之间的语言在统计学上差异比较明显。

　　社交媒体文本中的位置检测是另一项在安全应用中起到帮助作用的任务，3.2 节讨论了这个任务。为了检测特定地点的事件或者活动，提取社交媒体消息中提到的地点非常有用，例如，潜在的恐怖阴谋有可能针对特定地理区域。由于不是所有用户都在他们的社交媒体个人资料中表明他们的位置，所以基于用户所有的社交媒体帖子或者其他社交网络信息，对提取他们的位置也有帮助。我们可以把标注位置信息的消息（来自声明位置的用户）用作预测用户位置分类器的训练数据。这种分类器能捕捉到语言中的细微不同之处（方言）以及提及的实体的类别。当一个用户发布了许多令人不安的消息时，国防应用可能就会评估用户可能的位置信息。即使该用户在个人资料中使用了假位置，分类器也能检测出来。

　　另一个对安全应用有帮助的任务是社交媒体文本中的情绪检测，其中，对愤怒和悲伤的检测尤其受到关注。正如 3.4 节详细提到的，情绪分类器（包括愤怒和悲伤）在博客数据 [Ghazi et al., 2010]、LiveJournal 数据 [Keshtkar and Inkpen, 2012] 和其他社交媒体帖子上进行了测试。表达高强度愤怒的消息，可以被标记为潜在恐怖分子威胁。结合主题检测，愤怒检测能产生更精确的潜在危胁标记。用户帖子的悲伤检测能指示有自杀倾向的人，或者缺乏归属感、可能会被怂恿去进行极端或恐怖活动的人。这个分析可以与这些用户的社交网络分析结合，当和已知嫌疑人有联系的时候，该用户就被标记成潜在危险人物。

3.4 节讨论的情感分析技术能用来检测有关社会和政治事件的观点。例如，Colbaugh and Glass [2010] 针对 2009 年 7 月的雅加达酒店爆炸事件，提出了评估印尼公众情绪的案例研究。

近年来，一些恐怖组织成功地利用社交媒体招募西方国家公民并煽动他们的激进情绪，这促使 Rowe and Saif [2016] 调查了激进用户的社交媒体习惯。从与叙利亚冲突有关的名单中的推特账户开始，研究人员随后添加了这些用户的粉丝，从而产生了在欧洲居住的 154 000 名用户的名单。从这份名单中，他们收集了 1.04 亿条推文，旨在调查激进化之前和之后的用户行为。作者检查了用户的共享和语言模式，以确定他们是具有亲恐怖组织还是反对恐怖组织的倾向。对于语言分析，他们关注词汇行为，例如大量使用亲恐怖组织术语的行为。该分析的结果表明，在用户被"激活"后，亲恐怖组织术语的使用显著增加。

事态感知是重要的军事概念，用来感知某人附近发生的事件，以便了解信息、事件和行动是如何立即或在不远的将来影响目标的。[①] 有良好事态感知能力的人能深入了解一个系统的输入和输出，这是一种主体基于可控变量对事态、人物和展开事件的"感觉"。缺乏事态感知能力或者认识不足，被确定为导致人为失误事故的首要因素之一。事态感知需要对时间和空间环境因素有良好的洞察力，能理解它们的意思，并能对变量变化后的状态进行预测。这些变量包括时间或其他变量，如预定事件。它也是一个研究领域，涉及对航空、空中交通管制、船舶导航、电厂运行、军事指挥和控制，以及消防和警务等紧急服务等复杂、动态领域

---

① http://en.wikipedia.org/wiki/Situation_awareness

中的决策者至关重要的环境感知。这个概念也可以扩展到更多的日常活动中。

在军事和国防应用中，环境感知信息是用传感器或者其他信号源（人工或者自动）采集的。但是本节中，我们认为，在人类需要阅读大量消息或者报告的情形中，从文本中自动提取信息（以及其他数据）能增强事态感知能力。社交媒体帖子中的事件检测，也是事态感知的方式之一（见 3.5 节）。

Nunes et al. [2016] 开发了一个用于检测来自暗网和深网社交媒体网站的网络威胁情报的操作系统，该系统包括一个爬虫、一个解析器和分类步骤。他们利用了包括朴素贝叶斯、随机森林、SVM 和逻辑回归分类器在内的集成监督学习模型，这种方法在市场网站上实现了 0.92 的召回率，在黑客相关的讨论论坛上实现了 0.80 的召回率。

文本中的风险提取能够增强事态感知能力，它能提取整个描述风险情况的文本，或者跨文本提取特定风险属性。例如，Razavi et al. [2014] 从大量海上事故报告中提取了关于海洋状况感知的信息。他们使用 CRF 分类器提取的文本信息是：船舶类型、风险类型、风险联系、一般海洋位置、海上绝对位置（经度 / 纬度等）、日期和时间。

Thorleuchter and Van Den Poel [2013] 研究了防止研究和技术被间谍偷取的应用。他们的系统能够识别涉及技术及与组织战略高度相关的技术应用领域的语义文本模式，这些模式用来估计组织中每个项目信息泄露带来的损失。他们提出了一种网页挖掘方法，用来识别世界范围内相关技术和应用领域的知识分布信息，这些信息用来估计信息泄露的概率。风险评估方法计算了每个项目信息泄露的风险。在研究案例中，他们估计了国防科研项目信息泄露的风险，因为间谍机构对这些项目特别感兴趣。总体情况表明，该方法在计算项目信息泄露风险方面是成功的，能够帮助组织处理间谍风险。

Hu et al. [2008] 研究了生物医学文献的文本挖掘技术，它能识别可用作生化武器或者有生物医学危害的潜在病毒或者细菌。用于以上提到的三种应用的文本并不一定是社交媒体数据，但是如果相关主题的帖子已经确定，则该方法也同样适用于社交媒体。

图像是军事和国防应用很好的信息来源。例如，Brantingham and Hossain [2013] 描述的系统整理来自各种媒体的特定位置图像，以便提供实时事态感知。Zhou et al. [2011] 在统一概率框架中利用图像特征和它们的标签（单词）来标记图像，他们能从社交媒体中采集图像和文字说明或者标签，其中协同图像标注是一个热门话题。

通过社交媒体对防御或安全危机进行实时检查也很有意义。Simon et al. 研究了 2013 年在肯尼亚西门购物中心恐怖袭击事件期间的推特使用情况，他们假设了应急人员的社交媒体使用模式以及通过社交媒体进行沟通导致的潜在安全漏洞。他们在不同的时间间隔收集了 67 000 条与攻击有关的推文，这些推文中的 299 条被人工标注为正面、负面或中性。由于 Alchemy API[①] 情绪分类器在中性推文上的性能较差，因此被排除在外，最终准确率为 86.2%。从这个分类中，研究人员检查了袭击事件期间应急

---

① https://www.alchemyapi.com/

调度员情绪与现场管理者情绪之间的关系，与他们最初的假设相反，结果表明管理者情绪更积极。

下一节将更广泛地讨论 NLP 在灾难和应急响应中的应用。

4.7　灾难响应应用

社交媒体帖子可用作早期紧急情况检测和危机管理。一个区域中社交媒体讨论的话题突然出现变化，提示可能有紧急情况，例如自然灾害，像地震、火灾、海啸或者洪水。社交媒体消息能用作事态变化的传播媒介，一方面，这种信息的自动分析有帮助一般民众采集和消化大规模紧急事件期间交流信息的潜力；另一方面，这种信息也有助于救援行动。例如，Imran et al. [2013]将微博帖子进行了分类，并且提取出关于灾难响应行动的信息。大多数研究工作集中于推特消息。一些工作尝试识别新事件（紧急情况），而大部分工作尝试把消息分成与给定紧急情况相关或者不相关的类别。

事态感知还是用于军事和国防应用的术语（见 4.6 节），但本节中，该术语用于表述自然灾害的相关内容，而非社会事件或者政治事件。Yin et al. [2012] 是尝试监视推特流来检测可能的紧急情况的早期研究者之一，侧重于使用自动系统加强事态感知能力。Verma et al. [2011] 通过使用手工标注和自动提取语言特征相结合的方式，从四个不同性质和规模的灾难事件中收集推特信息，并建立了分类器来自动检测可能有利于事态感知的消息。在有利于事态感知的推文的分类上，他们的系统有超过 80% 的准确率。另外，他们还表明，为特定紧急事件开发的分类器，在相似的事件上性能同样很好。Robinson et al. [2013] 使用基于推特消息的自动分析技术，为澳大利亚和新泽西开发了地震检测器。这个系统是基于紧急事态感知平台的，该平台提供了从推特消息中捕捉、过滤和分析得到的所有危害信息。检测器把来自推特的地震信息通过电子邮件的形式发送给澳大利亚海啸联合预警中心。Power et al. [2013] 通过分析推特消息来检测火灾报告，他们开发了一种通知系统，近乎实时地识别描述澳大利亚火灾事件的推文。系统识别推特中与火灾有关的警报消息，并用分类器进一步处理这些消息，以确定它们是否和现实火灾事件相关。

尽管自然灾害期间大量的社交媒体活动促进了事件检测的进步，但它也增加了响应人员在大量噪声中找到相关信息的难度。Caragea et al. [2016] 试图开发一种自动确定推文与并发灾害相关性的方法。他们的模型由一个卷积神经网络（CNN）组成，该网络通过六次洪水事件（约 26 000 条推文）的推特数据进行训练。这个模型优于支持向量机（SVM）和人工神经网络（ANN）手段，平均准确率达到 77.61%。

社交媒体不仅可以作为检测灾难事件的渠道，还可以作为非政府组织（NGOs）和事件响应人员的有用的组织内沟通工具。Debnath et al. [2016] 在两次自然灾害发生后，使用 WhatsApp 聊天日志，为非政府组织 Doctors For You 调查了自动态势分析的可能性，所用日志包含数万行文字。研究人员提取了四条信息，以生成响应情况的快照，分别是志愿者访问的地点、这些地方的医疗基础设施、参与者的共同诉求以及某些地方的救济情况。为了挖掘与这些信息相关的数据，他们使用 Python 自然语言工具包（NLTK）和 TextBlob 情感分析工具[①]。为处理当前情况的查询，他们设计了以下过程：使用 WordNet 关联词网络确定与查询相似的单词和短语；检索包含相关单词和短语的句子；使用地理标记和与到达和离开相关联的常用词来确定位置；对日志中的相关帖子进行情感分析。结果显示，实时分析组织内社交媒体交流，对于有效提升情境分析有广阔的前景。自动确定位置和救济状态达到了最高精度值，用于确定现场医疗状况的结果更为混杂。

这些应用程序使用的方法在 3.5 节关于新事件检测和特定事件消息检测中已经讨论过，包括了以上提到的紧急情况。

4.8 基于 NLP 的用户建模

基于用户的社交行为来获取用户档案是可能的。本节着眼于如何有效利用用户发布的全部消息。仅从用户在社交媒体上发布的信息中检测出用户的属性，例如性别、年龄、出生地和政治倾向，这种能力在广告、个性化和推荐系统中有很好的应用前景。一些用户在他们的档案中表明了这些属性，但不是所有属性都需要用户填写完善，同时也并不是所有用户都提供这些信息。

1. 用户个性建模

可以基于用户的社交媒体资料和他们发布的消息对用户的个性进行建模，[②] 文本风格和它们表达的情绪可以是建模的一个信

---

① https://textblob.readthedocs.io/en/dev/

② 相关研讨会包括：国际计算语言学协会 (The Association for Computational Linguistics, ACL) 关于社交媒体中社会动力学和个人属性联合研讨会 http://www.cs.jhu.edu/svitlana/workshop.html 和 2014 年和 2013 年计算机人格识别研讨会 https://sites.google.com/site/wcprst/home/wcpr14。

息来源。

博客中用户个性检测的早期工作是由 Oberlander and Nowson [2006] 做的。他们按四大人格特质（神经质、外向性、亲和性和尽责性）来对用户分类，每个特质分三个级别（高、中、低）或者五个级别（最高、较高、中、较低、最低）。他们使用 n-gram 特征训练二元和多级 SVM 分类器。在相似的方向，Celli [2012] 提出了利用语言线索而不需要评价监督的个性识别系统。他们在社交网络 FriendFeed 中采集的数据集上运行该系统，还使用了心理学标准模型 BIG FIVE（大五性格模型）的五大个性特征：外向性、情绪稳定性、亲和性、尽责性和经验开放性。前四类和之前提到的博客中体现的特征是相同的 [Oberlander and Nowson, 2006]。利用和这些分类有关的语言特点，Celli [2012] 的系统为每个用户生成了个性模型，并通过比较单个用户（只有一个帖子的用户被丢弃）的所有帖子来评估模型。这种评估方式能衡量系统分析的准确率（衡量个性模型的可靠性）和有效性（衡量用户写作风格的变化）。利用该模型对 748 名 FriendFeed 的意大利用户样本进行的分析表明，最常见的人格类型是外向型、不安全型、和蔼可亲型、有组织型和缺乏想象力型。

Maheshwari et al. [2017] 致力于利用施瓦茨的社会情绪心理语言学模型，根据道德价值划分用户。施瓦茨的模型包含以下道德观：成就、仁爱、顺从、享乐、权力、安全、自我导向、刺激、传统和普遍主义。研究人员使用亚马逊土耳其机器人（Amazon Mechanical Turk）收集了来自"turkers"（特客，在亚马逊土耳其机器人平台注册的用户）的道德问卷，然后特客授权研究人员访问他们的推特账户。同样地，研究人员收集了来自学生的调查问卷反馈，并获准访问他们的 Facebook 账户。由此建立的社交媒体语料库包括 367 个推特用户（平均每个用户 1 608 条推文）和 60 个 Facebook 用户（平均每个用户 681 条消息）。对于语言特征，研究人员使用 n-grams、词性标签、词级特征、特定问题词的策划词典和 LIWC 来描述。研究人员应用这些特征来训练几个分类器，包括 SVM、逻辑回归和随机森林。

社交媒体文本的情绪检测方法已经在 3.4 节讨论过了，但是其中的任务是把帖子中表达的情绪进行分类。这里我们为了学习用户表达的情绪序列，把一个用户的所有帖子放在一起进行研究 [Gil et al., 2013]。

2. 用户健康资料建模

社交媒体帖子的数据分析，能提供丰富的个人用户健康信息、群体健康信息，甚至是居民区健康食物选择信息。它能给心理健康临床医生和研究者提供丰富现有样本数据的机会，并且构建一个信息更广、设备更完善的精神健康领域。Coppersmith et al. [2014b] 提出了一种系统，该系统在可获得的公共推特数据上分析用户精神健康状态，展示了自然语言处理方法如何洞察大量具体的疾病和精神健康问题，同时证明了与精神健康相关的尚未发现的语言信号存在于社交媒体中。他们的方法能快速、低成本地采集大范围的精神疾病数据，然后集中分析四种疾病：创伤后应激障碍（PTSD）、抑郁症、双相情感障碍和季节性情感障碍（SAD）。因为要考虑隐私数据的效用，同时也要遵循保护精神疾病患者隐私信息的道德准则，因此用户的隐私在这类研究中要小心保护。

可以利用社交媒体数据对健康风险因素进行建模。Sadilek and Kautz [2013] 解释说，计算流行病学研究都集中在人口统计和疾病爆发的模拟场景上，但是更加详细的研究都局限在较小领域中，因为扩大研究范围涉及的方法会带来相当大的挑战。相比之下，自动化方法能利用特定个体的健康信息，建立大量社会和环境因素的关联模型。他们把可扩展的机器学习技术应用于从在线社交媒体挖掘的含有噪声的数据上，而不是依靠调查数据，并且能够自动推断给定用户的健康状态。他们表明，学习到的模式能运用到描述性和预测性细粒度人类健康模型上。使用统一的统计模型，他们量化了社会地位、污染、人际互动和其他重要的生活方式对健康的影响。该模型解释了54%以上的人类健康差异（从他们的在线交流上评估得出），并且以91%的准确度预测了个体未来的健康状态。

Kashyap and Nahapetian [2014] 基于用户推文，在一段时间内研究了他们的健康状态。这种分析的目的包括提供有针对性的个性化医疗服务、确定健康差距、发现卫生准入限制、广告和公共卫生监测。该方法分析了早在 2010 年就活跃在推特上的 10 类用户的超过 12 000 条推文。这种自动化方法能在生命科学领域作为传统研究的补充，因为自动化方法可以获得大规模的及时数据、推理，以及预测那些可能会影响到我们日常生活的难以把握的因素。

3. 建立性别和种族模型

建立性别模型也是用户建模的一个重要应用，一个明显的用户性别信号是用户的姓名。"名"提供了性别和种族强有力的线索，而"姓"携带了种族信息。Liu and Ruths [2013] 研究了英语推文中姓名和性别的联系。本节中，除了姓名之外，我们对用户发布的消息也很感兴趣。Schler et al. [2006] 早期的分类实验是在用户博客数据上做的，为了能使分类器标注新博客，他们着眼于博客作者的性别和年龄，并且提取标注文本的特征。该特征包括一些实词，但大部分都是与那些著作权归属研究中所用特征类似的文本特征。为了推断用户性别，Kokkos and Tzouramanis [2014] 在推特和 LinkedIn 消息上训练了支持向量机分类器，也使用词性标注器来推断用户性别。他们的研究表明，这能通过对包含在用户档案中的单个短消息的分类来实现，但和这个消息是否遵从结构化和标准格式完全没有关系。（LinkedIn 中的属性摘要是遵从结构化和标准格式的消息的例子，而推特中的微博发布不遵循结构化和标准格式。）他们在 LinkedIn 和推特数据上的实验，实现了高达 98.4% 的性别识别准确率。

Rao et al. [2010] 也着眼于推特数据的性别识别。Rao et al. [2011] 为了检测一些社交媒体用户的潜在属性，特别是用户种族和性别，提出了一种最小监督模型。先前种族检测的工作基本都使用粗粒度广泛分离的种族分类方式，并且假设存在大量的训练数据，例如美国人口普查数据，这实际上大大简化了问题，但也使得研究结果和实际情况符合度不高。与先前的工作相反，除了名字形态识别之外，他们还利用用户生成的其他内容来检测种族和性别。他们也研究了细粒度种族分类，使用的则是来自尼日利亚的有限数量的训练数据。

建立国籍模型也是一个相关应用。Huang et al. [2014] 为卡塔尔等高度多样化的国家提供了详细的社交网络分析。他们着眼于用户行为，并且把用户偏好和其国籍联系起来。他们不仅关注用户发布的帖子，也能对用户发布的一系列消息进行语言识别，将其作为附加的消息来源，这对于有多种国籍的用户也很有用。正如 2.8.1 节所说，语言识别能应用于短消息文本中，而将用户消息集中起来产生的长文本，则能提高预测的准确率（当能获取同一用户的许多信息时）。

Mohammady and Culotta [2014] 开展了基于推特数据推断用户种族的研究。为了避免人工标注训练数据，他们使用县级信息作为标签，建立了人口统计属性分类器。通过把社交媒体地理数据和国家人口统计数据进行配对，他们建立了一个回归模型，把文本映射到人口统计上，利用这个模型在用户级别进行预测。他们使用推特数据的实验表明，这个方法的结果可以与完全监控方法的结果相媲美，预测用户种族的准确率高达 80%。

Riemer et al. [2015] 对推特用户年龄的推断进行了研究。将大约 2 000 个推特用户人工标记为 X 一代、Y 一代或更早世代之后，研究人员从每个用户那里平均挖掘 226 条推文。为了与基于特征的机器学习模型做比较，研究人员对朴素贝叶斯（Naive Bayes）和最大熵分类器进行了训练和测试，分别为 Y 一代、X 一代和更早的世代类别建立了基线，F-score 分别是 0.73、0.36 和 0.38。随后他们使用段落矢量来训练无监督模型。以上数据作为深入学习模型的输入值，最终模型利用其他几个神经网络（NN）分类任务（包括性别和种族建模）之间的隐藏层共享。

神经网络模型与其他两个分类任务中的隐藏层共享产生了最好的结果，准确率为 75.9%，Y 一代和 X 一代的 F-score 分别为 0.89 和 0.59。当"较老的"世代由一个只包含来自性别分类任务的隐藏层共享的神经网络预测时，预测性能最好。

4. 建立用户位置模型

建立用户位置模型是很流行的应用。我们可以基于用户声明的位置、GPS 信息、时区（可能的话），或者基于每个用户发布的消息，或者通过整合多种信息来源建立用户位置模型。用户位置建模方法已经在 3.2 节中详细讨论过了，这里提到的更多的是有关用户建模的研究方向。预测用户位置是很有必要的，因为很多用户不提供真实的位置信息，经常利用虚假位置信息发表不当言论，使传统的地理信息工具难以辨别。当用户输入他们的位置时，他们指定的位置最多详细到城市级别。

Hecht et al. [2011] 进行了基于机器学习的实验，通过观测用户推文来识别用户位置。他们发现用户的国家和州位置信息能自动确定，且有一定的准确度，这表明用户在有意识或者无意识下含蓄地透露了位置信息。这对基于位置的服务有一定影响，并且会引起对隐私问题的担忧。Mahmud et al. [2014] 结合统计和启发式分类器来预测用户位置，并且使用地名词典来识别地名。他们发现，层次化分类方法提高了预测准确率，具体而言，先预测时区、州和地理区域，后预测城市。他们也分析了推特用户的位置变化，建立了一个分类器来预测用户在一个确定时间内是否变换了位置，并且使用这个信息进一步提高位置检测的准确率。Kinsella et al. [2011] 也研究了推特用户的位置移动情况。

5. 建立用户政治倾向模型

作为用户档案的一部分，用户的政治倾向也能够被预测。正如 4.4 节所讨论的那样，可以基于大量用户的政治概况预测投票意向，而不必详细建立每个用户的模型，但是用户中心方法能提供更多的有用信息 [Lampos et al., 2013]。例如，因为一些用户有较多的关注者，可以将政治信息直接传递给他们，这样会带来更大的影响力 [Lampos et al., 2014]，或者检测出还没有决定拥护哪个政党的用户，尝试说服他们为特定的候选人投票。

现有的社交媒体用户分析模型都假设能访问每个用户数以千计的消息，然而大部分用户在一段时间内的帖子只有零星的内容。鉴于这种稀疏性，一种可能是利用用户本地领域的内容建立模型，另一种可能是基于各种类型的邻域中的消息数量来评估批量模型。Volkova et al. [2014] 估计了动态模型预测用户政治倾向所需花费的时间和用到的推文数量。他们的研究表明，即使只有有限的数据，或者没有自己填写的数据，来自朋友、转发和用户交流的消息也能为预测提供有效的数据来源。随着时间的推移，基于推特更新模型的时候，他们发现，往往能使用每个用户大约100 条推文来预测其政治倾向。

用户的身份可以通过文本证据预测，也可以塑造用户的政治取向。Shoemark et al. [2017] 特别调查了苏格兰身份与支持苏格兰独立的政治取向之间的相关性。使用推特的 Streaming API，研究人员取样调查了英国关于苏格兰独立的全民公投前的2013 年和 2014 年超过 600 万条推文。通过地理过滤和纳入与公民投票相关的主题标签，他们从 18 000 个不同的用户中提取了包含 60 000 条推文的最终数据集。研究人员随后生成了苏格兰语言特征列表，其中包括指代苏格兰语地方的专有名词、苏格兰英语单词的拼写变体以及苏格兰词汇中的单词。为了表明政治倾向，他们寻找包含支持或反对苏格兰独立公投的两极化主题标签的推文，因此，用户被归为亲独立组或反独立组。各组之间使用苏格兰术语的平均概率的差异具有统计学意义。

社交媒体帖子的自动政治取向预测，已被证明可以成功地区分美国公开声明的自由派和保守派。Preotiuc-Pietro et al. [2017] 也提议在更细粒度层面上检查用户的政治意识形态，他们的目标是确定政治上温和和中立的用户，因为这些团体可能对政治家和民意测验者更有意义。使用通过调查和用户自我报告获得的具有政治意识形态标签的数据集，他们通过推特上的语言使用来表征政治参与用户群体，并建立一个细粒度模型（7级量表）来预测未发现的用户的政治意识形态。他们的结果确定了政治倾向和参与度的差异，以及每个小组使用政治关键词发布推文的程度。他们还利用用户组之间的关系来提高意识形态预测的准确性。

6. 建立用户生活事件模型

Li et al. [2014c] 探索了婚礼和毕业等主要生活事件的模型。当用户有许多在相似地点工作的朋友时，社交网络结构的信息能用来猜测用户现在和过去的工作。同理，这也适用于用户就读的学校。使用消息文本可以加强这样的预测。

同时建立多个主题模型能使用以上模型来完成，或者也能通过同时考虑多个潜在属性的复杂模型来完成。Rao et al. [2010] 进行了一项研究，该研究表明，基于性别、年龄、出生地和政治倾向的用户的语言使用存在差异。Li et al. [2014d] 进行了另一项建立多主题模型的工作（提取关于配偶关系、教育和工作的信息）。

7. 建立用户收入模型

对收入的自动推断，对于社会和市场研究特别有用。Preo-tiucPietro et al. 试图确定哪些因素有助于从社交媒体帖子中推断出年龄，特别是针对推特数据。为了收集这项任务的数据，研究人员对推特的 API 进行了查询，这些用户自我报告的职位可能与英国政府提供的官方职位名单紧密匹配。从这组用户中他们收集了 1 000 万条推文，并检查了用户特征与官方职位平均收入之间的关系。在 2011 年 1 月 2 日至 2 月 28 日期间，研究人员使用基于整个推特信息 10% 的 Word2Vec 学习了词嵌入，然后使用这些词向量聚类为不同主题建模，并将每个推文的主题分布作为收入分类特征。为了预测收入，研究人员比较了逻辑回归和 SVM 模型。在所有情况下，SVM 均优于逻辑回归模型。仅以主题分布作为其特征集的 SVM 实现了 9 835 英镑的平均误差，这只略逊于包含主题特征以及从用户档案中提取的心理和人口统计特征的 SVM。包含所有特征的模型的平均误差为 9 652 英镑。

4.9 娱乐应用

媒体和娱乐行业在紧跟社交媒体发展的步伐方面面临巨大挑战。社交媒体正在改变用户的期望和行为。由于这些原因，媒体和娱乐公司采用了新的方法来进行内容创建、内容分发、运营、技术开发和用户交互。这个行业需要确保用户积极参与在线视频、社交媒体和移动媒体未来平台的发展，以便将信息带给用户并与他们进行交互。对于媒体和娱乐行业来说，这是一个严重的问题，因为广告商需要将更多的资金和资源用于数字社交媒体和电子营销。电子游戏公司为了增加数字平台用户数量而大量投资，微软和索尼也都将集成视频共享作为其下一代游戏机的焦点。

该行业受益于搜索、在线视频广告和社交媒体分析先进方法的创新优势。社交媒体显著加强了供应商和用户的互动，粉丝能够关注他们喜爱的明星并表达爱慕之情。例如，哈利波特的 Facebook 主页在该系列影片中的一部的亮相期间，获得了 2 900 万个赞；在首映前一周，其主页每天大约增长 100 000 个粉丝。[①]

重大娱乐事件（如奥斯卡）的情感分析，或者电影溢价相关的情感，在社交媒体分析中都是很活跃的应用。Sinha et al. [2014] 通过分析 2012 年罗杰·费德勒和诺瓦克·德约科维奇温网半决赛的一系列推文，研究了温网推文的情感分析。在没有文本元数据标注视频的情况下，他们假设实时视频报道和同一事件的时间相关文本微博流可以作为这种标注的重要来源。情感强度也用来检测参赛者的情感巅峰，并能标记比赛中的最佳时刻。

影视节目排名的可信度量是其在娱乐行业受欢迎程度的重要指标之一。娱乐和媒体市场对社交媒体在电视和电影收视率上的影响很感兴趣，例如，Netflix——一个按需网络流媒体提供者——使用 Facebook 上电影的流行度，作为向消费者推荐电影的依据

---

① http://www.mediaweek.co.uk/article/1082526/sector-analysis-cinema-gears-social-networks

之一。Hsieh et al. [2013] 研究了利用社交媒体预测电视观众收视率的方法。他们利用网络结构和不同电视剧粉丝主页上的帖子、赞、评论和分享的数量，尝试找到它们和收视率之间的关系。结果表明，使用 Facebook 粉丝主页的数据为未开播的节目进行收视率预测是可行的。

另一个应用叫 Tilofy[①]，它基于事件监测和地理位置检测技术，使用与感兴趣位置密切相关的文本、照片和视频的动态流，组织从音乐会到名人活动的各种娱乐事件。

4.10　基于 NLP 的社交媒体信息可视化

实现社交媒体的价值需要创新，使自动获取的信息可视化，以便将其呈现给用户和决策者。为了探索社交媒体数据的全部潜力，社交媒体分析的信息可视化非常重要。不断增长的社会大数据对信息可视化来说是巨大挑战，我们需要利用数据分析和可视化工具来呈现所提取的主题，并得到这些元素之间的关系。在社交媒体数据上运用 NLP 技术，可以让我们把含有噪声的数据变成结构化的信息，但是仍然很难通过逐条提取信息来辨别其意义。链接推理和内容可视化能使分析后的信息更加明显，也更加有意义地呈现给用户和决策者。

在 3.2 节我们提到，得益于 NLP 方法，社交媒体内容（如博客帖子或推文）的地理位置检测成为可能。位置本身可能是不相关的，但是世界地图上位置的投影、追踪特定时间线上的事件、与其他命名实体间的连接和情感分析，能带来另一个维度的"大

---

① http://tilofy.com/

画面"可视化。为了更容易地理解信息并与之互动，这种可视化提供了一种直观的方式来总结信息。

目前有一些专注于社交媒体数据可视化的应用程序。Shahabi et al. [2010] 已经开发了 GeoDec，这是一个用于可视化和搜索地理空间数据以进行决策的框架。在这个平台上，首先模拟感兴趣的地理位置，相关地理空间数据也融合到虚拟模型中，然后，用户可以交互式地制订抽象决策查询，以便在现实世界中执行决策之前在虚拟世界中验证决策。Kim et al. [2014] 用 MediaQ（Mobile Media Management Framework，移动媒体管理框架）进行了这项工作，这是一个采集、整理、共享和搜索移动多媒体内容的在线媒体管理系统。MediaQ 使用自动标注的地理空间数据可视化用户生成的视频。Kotval and Burns [2013] 通过分析用户需求，研究了社交媒体中的实体可视化。为了理解用户的需求和偏好，他们开发了 14 个社交媒体数据可视化概念，并通过衡量潜在数据关系的有效性和每个数据可视化概念的适用性，来进行这些概念的用户评估。他们发现用户对"大画面"可视化有强烈的分歧和偏好。Diakopoulos et al. [2010] 提出了观点的可视化方法，这些观点也是从社交媒体中提取出来的。

4.11 政府通信

社交媒体已经成为政府和公民之间日益流行的交流平台，通过这个直接和海量的反馈源，政府能够更好地跟踪政府服务的有效性和公民的反应。当前，各国政府存在着实时捕捉和理解社交媒体互动的压力。

Wan et al. [2015] 开发了一个社交媒体监控原型系统 Vizie，Vizie 通过分析 Facebook、推特、Flickr、YouTube 上用户发布的需求来提升政府服务。这项研究分析了 17 个政府部门近 200 个注册用户，结果显示：Vizie 可以探索数据，促进在线社区相关性判断。最后，研究者通过案例研究，阐述了三种社交媒体监控场景的查询维护策略。

4.12　总结

本章我们展示了一些需要对文本型社交媒体数据进行自然语言处理和语义分析的应用程序，它们可以应用于社交媒体分析中。随着不同平台社交媒体数据和用户生成内容的增长，对社交媒体分析应用程序的需求也在增加。要了解大型社交媒体数据环境，包括架构、安全性、完整性、管理、可扩展性、人工智能、NLP 技术、分发和可视化，都存在很多挑战。因此，对于硅谷和全球其他地方的小企业来说，有很大的机会开发新应用程序，包括移动应用程序。研究是无止境的！

第五章
数据采集、标注和评估

5.1 导论

本章我们将讨论的内容是对社交媒体文本分析的补充。信息分析的结果可能会受输入数据质量的影响。为了能够使用自然语言处理的经验方法或者统计机器学习的算法，我们需要获取用于训练、开发、测试的数据。我们需要对这些数据集（至少是测试数据）进行标注，这样就能评估算法。若采用的算法是监督学习算法，则需要标注训练数据，非监督学习算法则不需要附加标注就可以使用这些数据（尽管小的带标注的开发数据集对非监督算法有利）。避免社交媒体垃圾信息，是数据采集过程中的另一个问题。

社交媒体上可获得的信息有些是公开的，有些是私密的。我们将简要讨论用户信息的隐私问题，以及大规模公开信息是如何作为开源情报来帮助人们解决问题的，例如学校的网络中伤和网络欺凌的预防。另外我们提及了使用社交媒体数据的信息技术和业务的道德问题。在本章末尾，将讨论用来评估社交媒体应用和NLP 任务的现有基准。

5.2　数据采集和标注的讨论

日益普及的社交媒体以及用户生成的大量网页内容，为用户提供了访问公众数据的机会。但是，在线微博和其他社交文本数据的采集和标注，是自然语言处理应用面临的巨大挑战。

1.社交媒体数据采集

社交媒体数据采集取决于预期的任务和应用。社交媒体上的文本数据能用不同的形式采集，例如微博消息、图像描述、评论性帖子、视频解说和元数据 [Ford and Voegtlin, 2003]。我们也可能对互联数据感兴趣，例如社交平台之间的互联（如推特和 Instagram 等），或者推文与新闻的互联 [Guo et al., 2013]。

社交媒体服务的应用程序接口（API）允许其他应用程序接入他们平台。但是，从社交媒体采集数据有一些限制，如推特的微博服务对每个用户或每个应用进行了 API 限流 ①，在每个限流窗口中允许有限次的请求。若要大量使用推特数据，可以通过付费的方式来扩大数据量，每小时允许发出数千个请求，甚至更高。

2.社交媒体内容的标注

社交媒体内容的标注是一项富有挑战性的任务，可以采用标注与用户间的智能接口半自动化地实现标注任务。例如，GATE（General Architecture for Text Engineering，文本工程通用框架）和其社交媒体组件 TwitIE，也是很不错的标注工具 [Bontcheva et al., 2013]。一些研究者已经尝试应用 TF-IDF 和 TextRank（基于图形的文本排序模型）等文本排序模型来抽取

---

① https://dev.twitter.com/rest/public/rate-limiting

推文中的关键词，用以自动生成推特用户的兴趣标签，从而标注每个用户 [Wu et al., 2010]。其他研究者应用有监督的机器学习来标注推特数据集 [Llewellyn et al., 2014]。有的用户会标注自己发表的内容，如 LiveJournal 平台的心情标签，这样的标签被视为有监督的机器学习标注 [Mishne, 2005]。

5.3　垃圾信息和噪声检测

当涉及选取数据以便用于社交媒体数据采集和分析时，简单地监听或者爬取数百万日常社交媒体信息是不够的。社交媒体在全球有数十亿活跃用户，用户生成内容的数量空前增长。推文数量从 2007 年[①]每天 5 000 条跃升为 2013 年[②]的每天 500 000 000条，这个数量一直保持至今。

采用合适的 NLP 方法和分析方法的关键，是选择最适用于应用目的和评价标准的方法。社交媒体中大量的垃圾信息和噪声，引起了关于社交媒体数据价值和有效性的广泛争论，这些数据与时间、地点密切相关。

1. 社交媒体噪声

从文本消息到社交媒体，新的通信方式已经改变了我们使用语言的方式。一些创新的语言形式被用于在线交流，例如许多波斯用户（波斯语）或中东和北非用户（具有不同方言的阿拉伯语），他们通过运用与原始语言中单词发音相同的拉丁字母在社

[①] https://blog.twitter.com/2010/measuring-tweets

[②] https://blog.twitter.com/2013/new-tweets-per-second-record-and-how

交媒体中交流（音译的一种形式）。英语中，例如 LOL（laugh out loud，大笑）、OMG（Oh my God，天哪）或者 TTYL（talk to you later，再聊）等单词非常流行。一些新单词已经被字典收录，如 retweet（动词）和 selfie（名词）已分别于 2011 年和 2013 年加入牛津字典中。

社交媒体噪声给自然语言处理任务（如机器翻译、信息检索和观点挖掘）造成障碍的原因有很多，例如，拼写错误在社交媒体中相当常见。正如 2.2 节我们所提到的，标准化任务可以部分地去除语言特征的不规范现象。

Baldwin et al. [2013] 通过对采集的社交媒体语料库进行语言学和统计学分析，来分析社交媒体的噪声，并把它们互相比较，同时和参考语料库进行比较。他们通过分析未登录词的词汇构成和相对词频，以及句法结构，来分析这些语料库中的社交媒体文本在哪些方面不符合语法结构。Eisenstein et al. [2010] 通过建立单词和地理区域之间的关系模型，研究语言在不同区域的变化。他们提到，一些主题的表达会根据区域的不同而有所差异，如体育、天气和俚语等。举例来说，运动相关的话题表达在纽约和加利福尼亚地区有所不同。

2. 检测真实信息

当检测社交媒体上的信息的时候，了解和信任信息来源很重要。最富有挑战性的是找到信息的原始来源，这一点我们可以使用 NLP 方法和社交网络分析来识别和认证。Barbier et al. [2013] 研究了有关社交媒体声明的原始数据，它有助于消除谣言、澄清观点和确认事实。他们提出了三个步骤：分析来源属性、网络信息来源、使用值和网络搜索源数据。另一个问题是采集包含足够多信息的数据，而不是几乎没有内容的数据。有研究者试图基于文本和／或用户历史把社交媒体消息按照信息量是否丰富进行分类，特别是针对推特数据 [Efron, 2011, Imran et al., 2013]。

有研究者试图自动检测社交媒体中的谣言（虚假信息）。Ma et al. [2017] 根据其传播结构分析微博帖子，他们使用传播树对帖子的扩散建模，以便对每个原始消息的传输和开发过程进行编码。然后他们使用一种名为传播树核（Propagation Tree Kernel）的基于内核的方法，通过评估传播树结构之间的相似性来捕获区分不同类型谣言的高阶模式。两个真实数据集上的实验结果表明，该方法比其他自动谣言检测模型更快、更准确地检测出了谣言。

3. 垃圾邮件检测

社交媒体和网络博客为读者提供了评论和提出问题的机会。人们出于不同的目的来阅读在线观点和评论，例如购买新的产品或者服务，寻找餐厅或者酒店，甚至咨询医生。由于这些原因，评论成了十分重要的营销工具。正面的评价能给目标企业、组织和个人带来巨大的收益。不幸的是，这种情况也会导致虚假网络信息和垃圾观点的发布，从而误导读者和自动语义分析系统。

虚假的"正面"评论和虚假的"负面"评论都会产生严重影响。垃圾邮件检测或在线观点的可信性有助于检测虚假负面评论，以避免损害声誉①，也能避免在数据采集和训练中从社交媒体中采集到垃圾邮件。研究表明，点评网站 Yelp 上，20% ～ 30% 的

---

① 例如，2013 年 4 月，BBC 报道了在台湾地区三星"虚假网络评论"的事件。

评论是虚假的 [Liu, 2012, Luca and Zervas, 2014]。消费者保护法和联邦贸易委员会（Federal Trade Commission，FTC）指出，操控在线评论和虚假观点可能是非法的。

Jindal and Liu [2008] 研究了虚假观点问题，他们利用评论文本、评论者和产品数据，在人工标注的训练集上采用监督学习方法训练模型，用于识别虚假观点。Li et al. [2014a] 基于马尔科夫随机场研究了推特上活动发起人的检测这一问题，这会促进某些目标产品、服务、理念或消息的推广。Li et al. [2014b] 利用来自三个领域（酒店、饭店和医生）的数据组成的黄金标准数据集，分析了网络虚假观点和真实评论的语言使用差异。

垃圾邮件的另一种来源可能是由垃圾邮件程序生成的。垃圾邮件程序是一种自动计算机程序，用来发送垃圾邮件，它经常创建虚假账户并使用它们发送垃圾邮件。也有能破解密码的垃圾邮件程序，它能使用其他人的账户发送垃圾邮件。很多情况下，垃圾邮件程序发送的消息对读者来说很容易识别出来，但在自动采集时，这种垃圾邮件会被包含在数据中。

5.4　社交媒体中的隐私和民主

社交媒体在个人、组织和社会的互动关系中扮演着重要角色，因此，社交媒体共享的所有内容会对终端用户的隐私产生影响。发布的内容在情况变化时也可能带来某些问题。

在社交媒体隐私方面存在一些问题，包括用户的误解、社交媒体平台开发中的漏洞可能允许未经授权访问，以及市场中可能缺乏道德约束。一些关于隐私的研究聚焦于数据保护问题，通过建立例如隐私尺度的标准来评估上述问题 [Wang et al., 2013]。但是总的来说，如何保护隐私信息的研究还是很少，4.2 节提到了一些关于医疗隐私的问题。

美国律师协会[①]提供了一份美国社交媒体隐私的概述，并说明了立法和司法机构是如何捕捉隐私侵犯行为的。Stutzman et al. [2011] 研究了 Facebook 上隐私和信息泄露的演变过程，报告显示，隐私态度和泄露行为之间呈显著负相关。Vallor [2012] 提出了关于社交网络服务中个人身份伦理和社区的哲学思考，这个研究把我们的注意力集中到虚拟的社会道德角色，例如朋友 – 朋友、父母 – 孩子、同事 – 同事、雇主 – 员工、教师 – 学生、邻居 – 邻居、卖方 – 买方、医生 – 患者。此外，社交媒体还给自由民主和人权带来了革命性的变化。社交媒体平台为政治社会提供了一个温床，允许人们表达自由、进步、温和、独立的民主价值观。

2009 年，《华盛顿时报》[②]创造了"伊朗推特革命"这个术语，用来抗议伊朗选举舞弊和新闻审查制度。伊朗选举抗议是一系列针对 2009 年伊朗总统选举的抗议，反对伊朗总统马哈茂德·艾哈迈迪 – 内贾德有争议的胜利，支持对立派候选人米尔·侯赛因·穆萨维和迈赫迪·卡鲁比。抗议用术语"推特革命"来描述，是因为在伊朗接触不到平民的西方记者，浏览了主题标签为"伊朗大选"的推文。总统艾哈迈迪 – 内贾德选举胜利后，很多城市的伊朗人都在抗议这场"被偷走的选举（stolen election）"。

---

① http://www.americanbar.org/publications/blt/2014/01/03a_claypoole.html

② http://www.washingtontimes.com/news/2009/jun/16/irans-twitter-revolution/

尽管很多支持者包括伊朗裔美国人都没有资格投票，他们把自己的 Facebook 主页图片更改为"我的选举权在哪里？"

此外，观察最近的社会运动不难发现，社交媒体在这些事件中也扮演了关键角色，例如 2012 年的"魁北克春天"，它是一系列反对魁北克省政府的抗议活动和广泛的学生罢课活动。很多研究者都通过媒体网络研究了政治体系的长期演变。

5.5　评估基准

下面简要介绍一下 5.2 到 5.4 节描述的应用中使用的评价方法和质量度量。在标准 NLP 任务的评估活动中，如 SemEval[①]、TREC[②]、DUC/TAC[③]、CLEF[④] 等机构都用到了这些方法。除了评估指标的研究和标准化，这些机构还提供了 NLP 任务的基准数据集。

这些评估活动采用的方法已经被建成了社交媒体数据的基准，例如推特和博客数据。以下是其中的一些内容。

TREC 2013/2012/2011[⑤] 的微博检索任务中包含查询和这些查询的预期答案文档名的列表（相关性判断）。这些文档内容来自 2011 年采集的 100 多万条推文。

---

① http://aclweb.org/aclwiki/index.php?title=SemEval_Portal

② http://www.trec.nist.gov

③ http://duc.nist.gov/pubs.html, http://www.nist.gov/tac/

④ http://www.clef-initiative.eu/

⑤ https://github.com/lintool/twitter-tools/wiki

博客的观点摘要[①]是 TAC2008 的试点任务，预期目标是对一系列博客文档中的特定目标生成条理通顺的摘要。

SemEval 2013[②] 以及第二版 SemEval 2014[③] 中的推特情感分析任务包含有观点标签标注的推特消息。

Making Sense of Microposts 研讨会有共享任务。2014 年，其挑战的任务是自动提取英文微博中的实体，如果存在链接关系，还要把它们链接到相关英文 DBpedia v3.9 资源上。在链接阶段，目标是消除单词离散序列（通常很短）构成的表达上的歧义。这是 3.3 节讨论的实体提取和链接任务。实验数据集（可获取[④]）包含从超过 1 800 万条推文集合中提取的 3 500 条推文，该推文集合涵盖了从 2011 年 7 月 15 日到 2011 年 8 月 15 日（31 天）采集的带有事件标注的推文。该实验延伸到很多值得关注的事件上，其中包括艾米·怀恩豪斯之死、伦敦骚乱和奥斯陆爆炸案等。由于该任务挑战的是自动提取和链接实体，因此数据集建立的同时考虑了事件和非事件推文。虽然事件推文更可能包含实体，但非事件推文能通过任务评估系统的性能，避免在实体提取阶段出现误报。2013 年，其任务是从微博数据中提取实体概念，其特征是一个类或者是一个值，实体被分为四个类别：人、地点、组织和杂项（这个任务和 2.6 节讨论的命名实体识别很相似）。其实验

---

① http://www.nist.gov/tac/2008/summarization/op.summ.08.guidelines.html

② http://www.cs.york.ac.uk/semeval-2013/task2/

③ http://alt.qcri.org/semeval2014/task9/

④ http://www.scc.lancs.ac.uk/microposts2014/challenge/index.html

数据集（可获取）① 包含 4 341 条人工标注的不同话题的小帖子，涉及从 2010 年底到 2011 年初收集的各种主题，包括对新闻和政治的评论。

推特消息的语言识别也有共享任务，任务使用了两个数据集：一个是包含 15 000 条推文的开发集，一个是包含 15 000 条推文的测试集。② 该任务提供了基于推特 id 消息采集数据的一个脚本，涉及的语言有英语、巴斯克语、加泰罗尼亚语、加利西亚语、西班牙语和葡萄牙语。另一个共享任务是 EMNLP 2014（2014 年自然语言处理实证方法会议）的推特消息编码转换，③ 其数据包括在两种语言间来回切换的消息，例如西班牙语 – 英语、现代标准阿拉伯语 – 阿拉伯语方言、汉语 – 英语、尼泊尔语 – 英语。

在 NAACL 2015、NAACL 2016 和 ACL 2017 举办的计算语言学和临床心理学研讨会——从语言信号到临床现实上，探讨了在社交媒体上检测与心理健康相关问题的共享任务。2015 年，CLPsych 的共享任务集中在标注了抑郁症和 PTSD 的推文上。2016④ 和 2017 年 ⑤ 的共享任务集中在 ReachOut.com 论坛的帖子上。

另外还要强调的是，要为社交媒体文本数据提供更多公开可用的语料库和测试基准，以便对性能进行更全面的评估，并对各种任务和应用程序的不同方法进行客观比较。

---

① http://oak.dcs.shef.ac.uk/msm2013/challenge.html

② http://komunitatea.elhuyar.org/tweetlid/resources/

③ http://emnlp2014.org/workshops/CodeSwitch/call.html

④ http://clpsych.org/shared-task-2016/

⑤ http://clpsych.org/shared-task-2017/

5.6 总结

在本章，我们首先讨论了不同社交媒体平台的数据采集问题和语料库标注问题。其次，我们提出了网上垃圾邮件和噪声检测以及共享社交媒体数据集的法律限制、社交媒体的隐私和民主问题。最后，我们提出了社交媒体数据上的自然语言处理任务的评估基准。下一章，我们将总结和讨论基于社交媒体数据的应用前景。

第六章
总结与展望

6.1 结论

在本书中，我们通过回顾最新的 NLP 社交媒体分析创新方法，调查并强调了社交媒体数据的相关 NLP 工具，旨在将它们集成到实际应用中。

在简短地介绍了处理社交媒体数据的挑战后，本书详细描述了关键的 NLP 任务，如语料库标注、语言预处理和标准化、词性标注、语法分析、信息提取、命名实体识别、社交媒体文本的多语现象等。我们总结了社交媒体文本应用的现有方法，这些方法使用为社交媒体量身定制的 NLP 算法，用在地理定位、观点挖掘、情绪分析、事件和话题检测、摘要、机器翻译和医疗保健等应用中。

附录 A 给出了现实世界应用的一个例子。它可用于监测感兴趣的事件信息，以及人们是在哪里发布的这些帖子。这样的系统之所以重要，是因为过去十年中，在社交媒体监控中，对文本进行语义分析已经成为商业智能的主要形式，可以帮助确认、预测和响应消费者的行为。此外，它可以为决策者提供更好的智能视觉演示和报告，以起到提高认知、沟通、策划、问题解决或预防水平的作用。使用我们在本书中讨论的方法，并将它们整合到决策系统中，业界可以管理、测量、分析社交媒体营销活动。

社交媒体的语义分析是科学和技术领域的新兴机会，这是一个新的、快速增长的交叉学科（经济学、社会学、心理学与人工智能），旨在开发用于处理基于自然语言处理的自动化工具和算法，以监视、捕获和分析从公开可用的社交网络中采集的大数据。下一节我们将更深入地探讨这个领域的前景。

6.2 展望

社交网络的发展越来越依靠移动通信。社交媒体数据的容量急剧增加，通信也变得更快。社交媒体的移动驱动应用是一个不断增长的市场，包括移动应用程序开发者、基于位置的服务、移动书签和内容共享以及移动分析。考虑到终端用户的社交媒体需求的分析从采集和挖掘社会化媒体内容上升到了信息可视化，此方面的研究对新的算法和基于 NLP 的方法提出了要求。

考虑到社交媒体数据的数量，探索新的在线算法前景十分乐观。在线算法能以串行方式逐个处理输入，将输入按顺序输送给算法，无须一次性获得数据源的全部输入。例如，在线算法能运用到特定事件的社交媒体检测任务中，它们能处理对比事件的相关信息，而离线算法需要给定从推特上抓取的全部推文集合并且输出一个结果来解决当前的问题。数据挖掘（监督学习、聚类等）的在线算法能适应社交媒体流的文本挖掘。

社交媒体的 NLP 任务评估仍然是一个挑战，因为缺乏带有人工标注的社交媒体内容的 NLP 语料库、参考和评估数据集。尽管评估活动开始提出基于社会媒体文本的共享任务，但是它们仍占少数，并且数据集也很小（因为需要人工标注）。我们需要优先开发更多的数据集，因为需要人工标注数据集来测试 NLP 工具和应用程序的性能，而且也需要大量标注数据来进行训练，尤其是词性标注器和语法分析器的训练。否则，要使用大量未标注的社交媒体数据，我们只能采用半监督的学习方法。

除了使用 NLP 工具等从社交媒体中提取信息，还有很多其他研究方向。其中一些涉及在其他应用程序使用类似技术，以便从社交媒体中检测其他信息。另一些与社会语言研究有关 [Danescu-NiculescuMizil et al., 2013]。未来，研究者将会对以下问题进行更深入的研究：

①人们在社交媒体上谈论什么？

——话题和人们指的实体是什么？

——对透视社会观念的社交媒体或有新闻价值事件的贡献进行总结的有效方法是什么？

——文化如何解释在当地情境中的任何情况，并支持它们（当地情境）在社交媒体上进行变量观察？

——什么是社交团体中对话的动态性？

——社交媒体中情绪、心情和感情是怎么表达的？

②人们怎么表达自己？

——语言表达了哪些与团体、个体成员和他们忠于团体实践相关的内容？

——用户能通过语言使用被有意义地分组吗？（例如，风格属性）

③他们为什么在社交媒体上发布内容？

——在社交媒体上生成和共享内容的初衷是什么？

——语言使用是怎么证明社区结构和角色的？

——内容分析能为挖掘社区的社交网络特性例如基于链接的扩散模型提供线索吗？

④用于社交媒体分析的自然语言处理技术。

——怎样才能让现有的 NLP 技术更适用于社交媒体？

——怎样为社交媒体应用开发更多的基准？

——怎样为社交网络文本做更深入的语义分析？

——怎样提升用于社交媒体的机器翻译的性能？

⑤语言和网络结构：语言和社交网络特性如何相互影响？

——社交网络的属性和通过社交网络传播的语言之间是什么关系？

⑥语义 Web/ 本体 / 域模型帮助理解社交媒体数据。

——语义 Web 和互联开放数据（Linked Open Data）[①] 社区热衷于公开一些领域模型，我们怎样将这些公共知识库变成语言分析的先验知识？

⑦语言跨越。

——面向不同行业、主题、垂直领域语言的社交媒体语言处理在机遇和挑战方面有哪些异同点？

——当用户和公司、朋友互动的时候，他们寻求或共享信息的方式有什么不同？

——社交媒体上有哪些语言信号与公共健康和危机管理

---

① http://linkeddata.org/

有关？

⑧通过语言分析表征参与者。

——我们能通过双方互动的语言特点推断二者之间的关系吗？

——我们能看到用户在这种新形式的数字媒体平台上自我展现方式的区别吗？

——参与者对于推动对话有什么影响？

——社交媒体语言分析产生的安全、身份和隐私问题。

⑨语言、社交媒体和人类行为的关系。

——社交媒体中的语言能透露人类行为的什么信息？

——社交媒体中的语言是怎么反映人们的状态的？例如权力关系、情绪状态、悲痛和精神状态。

找到以上问题的答案会对社会有帮助，当然这需要多学科分析。从计算机科学和互联网的观点来看，我们可以说，社交网络是当今的杀手级应用，过去的 Web 网（WWW）和互联网早期（从 1969 年互联网诞生开始）的电子邮件也是如此。网络和社交媒体的规模不断扩大，使得信息提取的自动化技术在未来至关重要。

未来，技术的快速发展将会改变人类和机器的运作方式，可穿戴技术将会兴起，眼镜、智能手表、保健器材、健身手环、睡眠检测器等其他设备，将会影响社交媒体和交流。例如，卫生保健应用是可穿戴技术的重点。微软、谷歌和苹果公司都已经发布了它们各自的健康平台，医生和其他卫生保健专家能从病人的可穿戴设备中采集数据、文本和声音并进行监测。NLP 技术及其应用与多媒体处理技术的结合，在未来的数据分析中也会变得越来越重要。

附录 A
TRANSLI: 社交媒体分析和监控案例研究

A.1 TRANSLI 的架构

自然语言处理科技公司[①] 开发了 TRANSLI[②] 社交媒体分析和监控在线视觉分析系统，旨在利用新闻事件和推特上获得的事件来提供社会智能。TRANSLI 由我们在第四章中解释过的几个关于自然语言处理任务的应用程序组成。该系统具有直观的用户界面，旨在将推特上关于某事件的社会讨论的语义分析结果可视化，以供用户浏览。用户不仅可以获得感兴趣的主要事件的信息 [Farzindar and Khreich, 2013]，而且系统可以提供子事件的信息，从而帮助用户进一步查找更多的细节。

例如，对蒙特利尔爵士音乐节这样的活动感兴趣的记者，不仅对活动的时间表感兴趣，而且对这个话题的所有社交互动信息都感兴趣。在夏季节日期间，社交媒体上讨论的重点如果转移到自行车事故发生的数量上，可能会因此出现一篇关于骑行安全性的新文章。此外，使用地理位置功能，还可以监视特定区域

---

① http://www.nlptechnologies.ca

② 实际上叫作 TRANSLI ™。http://www.nlptechnologies.ca/en/social-networks

中的事件 [Inkpen et al., 2015]。统计机器翻译模块基于推特数据进行训练，可以翻译 140 个字符，该模块考虑了短链接和主题标签，能够翻译多语言推文 [Gotti et al., 2013、Sadat et al., 2014b]。这些功能可用于各种行业应用和市场分析中的社交媒体分析，例如用于产品或服务的消费者反馈、竞争对手推出新产品的市场战略活动，或用于社交媒体特定地理位置的品牌声誉维护。

这里，我们简要介绍包含 TRANSLI 社交媒体分析应用程序主要组件的工具。图 A.1 表示系统的一般架构，其中包括地理定位、主题分类、情感分析和机器翻译等不同的模块。

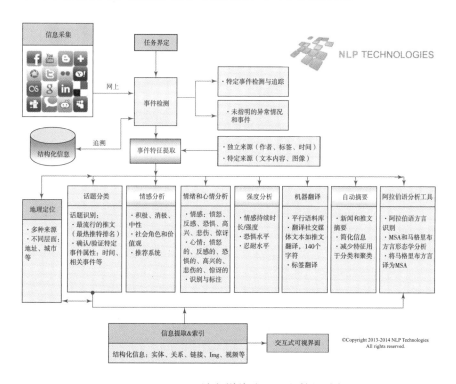

图 A.1　TRANSLI 社交媒体分析和监控模块架构

这些模块被部署为 Web 服务云计算基础设施，具有适当的应用程序编程接口（API），可通过用于可视化和分析图的用户界面组件执行的 HTTP 请求进行访问。

A.2 用户界面

系统的用户界面包括系统不同模块的视图，如事件创建、事件浏览和事件呈现模块。图 A.2 和 A.3 展示了事件创建和事件浏览模块的 UI（用户界面）。

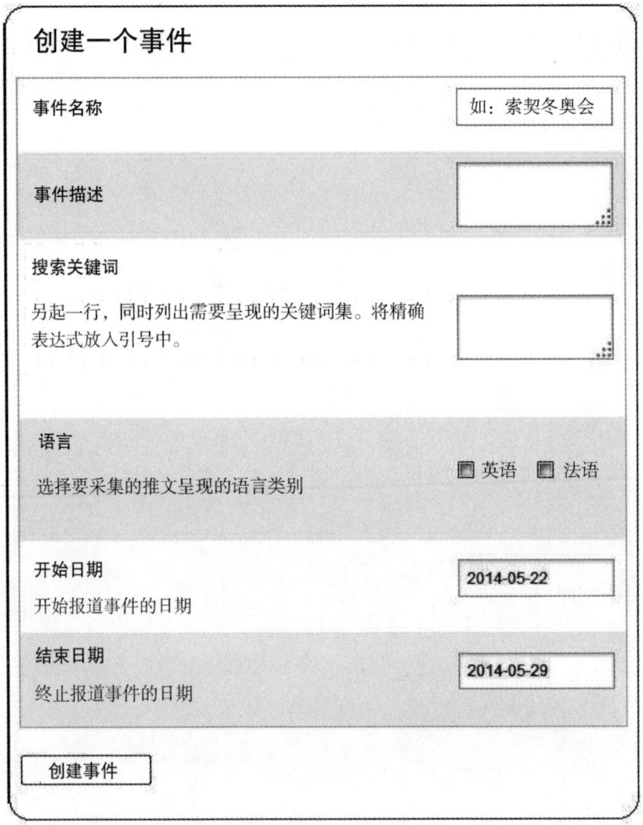

图 A.2 事件创建模块的 TRANSLI 用户界面

浏览事件

微软选举产生一名新CEO

关于萨提亚·纳德拉当选为
微软新任CEO的报道

包含微软CEO"萨提亚·纳德
拉"的推文

2014年2月1日至2014年3月3日
16:14:17的信息
事件已封锁

删除

图 A.3　用于事件浏览模块的 TRANSLI 用户界面

为了创建一个事件，应该提供事件信息，其中包括它的名称、描述、搜索关键字、语言以及捕获推文的开始和结束日期。因此在浏览事件时，为每个事件提供的信息将被相应地呈现。

TRANSLI 中的数据可视化呈现了社交媒体数据上的语义分析模块结果，这些数据以一些图形形式显示，并在图 A.4 中将信息抽象化。该界面包括一个仪表板，其中包含基于自然语言处理的许多组件，这些组件可以帮助决策者从社交媒体数据中将商业智能可视化。语义分析处理的结果被存储并索引到数据库中。可视化仪表板包括顶部的搜索工具栏、相关度最高的图片和视频以及文字云，左侧是监控事件的上下文，右侧是内容高度相关的推文，底部为分析结果。在该界面的右侧提供了多个标签，用于表示与事件相关联的人的个人档案、与事件相关联的位置，以及从英语到法语和法语到英语的自动翻译。分析部分包括推文的数量趋势、与左侧事件相关度最高的单词，以及右侧事件中最突出的主题标签和多层次的情感分析。

图 A.4　呈现事件的 TRANSLI 用户界面，组件通过用户 ID 标识

术语

Automatic summarization：自动摘要，根据应用程序或用户需求自动生成总结原始文档要点的文本。

CRF：条件随机场，是用于序列标记任务的分类器，下一个待预测的类别取决于序列中先前项的类别。

Deep Learning：深度学习，将人工神经网络应用于包含多个隐藏层的学习任务。深度学习是基于学习数据表示的更广泛的机器学习方法家族的一部分，而不是任务特定算法。

Information extraction：信息提取，从非结构化文档自动提取结构化信息，如实体、关系或事件。

Microblogging：微博，具有短小内容的博客形式的广播媒体，允许用户交换诸如短句、单个图像或视频链接等内容。

Naïve Bayes classifier：朴素贝叶斯分类器，一种机器学习算法，通过简化，假设特征互相独立，计算每个类对应的特征的概率。

Semantic analysis in social media（SASM）：社交媒体语义分析，用语义来增强社交媒体消息的语言处理，有时也将语义与社交网络的元数据相结合。广义上讲，指的是使用自然语言接口、人在网络中的行为、电子学习环境、网络社区、教育或在线共享空间等作为对象来分析、理解和影响社交网络。

Social computing：社会计算，计算机科学领域中关注社会行为和计算系统的交叉学科。

Social event：社会事件，一种有计划的公共或社会事件，可以广泛地定义为在某些空间和时间范围内展开的任何活动。社会事件由人们计划和参与，人们可以通过媒体掌握事件。

Social event detection：社会事件检测，发现社会事件并识别相关媒体项目。

Social event summarization：社会事件摘要，从现实世界事件的社交媒体文本中抽取代表性信息。实际上，目的不是总结所有事件，而是总结感兴趣的事件。

Social media：社交媒体，一种计算机辅助工具，允许人们在虚拟社区和网络中创建、共享或交换信息、想法、图片和视频。

Social media data：社交媒体数据，形式上包括短信、图像、视频、偏好和链接等。

Social media information：社交媒体信息，可以从社交媒体数据中提取的信息。

Social media intelligence：社交媒体智能，进一步提炼之后，为了特定目的使用社交媒体提取信息。

Social media summarization：社交媒体摘要，自动汇总多个社交媒体来源的信息摘要，旨在凝练和合并信息，将核心内容呈现给用户。

Social media text：社交媒体文本，社交媒体平台上发布的书面内容。

Social network：社会网络，由一群社会行为者（如个人或组织）和他们之间的二元关系形成的社会化结构。

Social networking service：社交网络服务，一个基于 Web 服务的平台，为具有共同兴趣和活动的人们建立社交网络。

SMT（Statistical Machine Translation）：统计机器翻译，从双语平行语料库中学习翻译的概率信息。

SVM（Support Vector Machines）：支持向量机，一种学习两个类别之间最佳间隔的二元分类器。

TF-IDF：词频 – 逆文档频率，计算表达式为 $tf \times \log N/df$，其中 df 是文档中的词频，N 是语料库中的文档数量，df 是包含该术语的文档数量。公式背后的含义是：在该文档中频繁出现且不会在大多数文档中出现的词语更加重要，较少在文档中出现的词语更具有区分性。

参考资料

Muhammad Abdul-Mageed and Lyle Ungar. Emonet: Fine-grained emotion detection with gated recurrent neural networks. In Proc. of the 55th Annual Meeting of the Association for Computational *Linguistics (Volume 1, Long Papers)*, pages 718–728, Vancouver, Canada, July 2017. Association for Computational Linguistics. http://aclweb.org/anthology/P17- 1067

Eugene Agichtein, Carlos Castillo, Debora Donato, Aristides Gionis, and Gilad Mishne. Finding high-quality content in social media. In *Proceedings of the 2008 International Conference on Web Search and Data Mining*, Stanford, CA, USA, 11–12 February 2008, pages 183–194. ACM,2008. DOI: 10.1145/1341531.1341557.

Md Shad Akhtar, Utpal Kumar Sikdar, and Asif Ekbal. IITP: Hybrid Approach for text normalization in Twitter. In *Proc. of the Workshop on Noisy User-generated Text*, pages 106–110, Beijing, China, Association for Computational Linguistics, July 2015. http://www.aclweb. org/anthology/W15-4316

Galeb H. Al-Gaphari and M. Al-Yadoumi. A method to convert Sana'ani accent to modern standard arabic. *International Journal of Information Science & Management*, 8(1), 2010.

Tanveer Ali, Marina Sokolova, Diana Inkpen, and David Schramm. Can I hear you? Opinion learning from medical forums. *Proceedings of the 6th International Joint Conference on Natural Language Processing (IJCNLP)*, 2013. http://www.aclweb.org/anthology/I13-1077.

James Allan. *Topic Detection and Tracking: Event-based Information Organization*, volume 12. Springer, Norwell, MA, 2002.

James Allan, Victor Lavrenko, Daniella Malin, and Russell Swan. Detections, bounds, and timelines: UMASS and TDT-3. In *Proceedings of Topic Detection and Tracking Workshop (TDT-3)*, pages167–174. Vienna, VA, 2000.

Cecilia Ovesdotter Alm, Dan Roth, and Richard Sproat. Emotions from text: Machine learningfor text-based emotion prediction. In *Proceedings of the Human Language Technology Conferenceon Empirical Methods in Natural Language Processing (HLT/EMNLP 2005)*, pages 579–586. ACL, 2005. DOI: 10.3115/1220575.1220648.

Saima Aman and Stan Szpakowicz. Identifying expressions of emotion in text. In *Text, Speech and Dialogue*, pages 196–205. Springer, 2007. DOI: 10.1007/978-3-540-74628-7_27.

Paul André, Michael Bernstein, and Kurt Luther. Who gives a tweet?: Evaluating microblog content value. In *Proc. of the ACM Conference on Computer Supported Cooperative Work (CSCW)*, pages 471–474, Bellevue, Washington, February 11–15, 2012. DOI: 10.1145/2145204.2145277.

Ron Artstein and Massimo Poesio. Inter-coder agreement for computational linguistics. *Computational Linguistics*, 34:553–596, 2008. http://cswww. essex.ac.uk/research/nle/a rrau/icagr.pdf

Ravi Arunachalam and Sandipan Sarkar. The new eye of government: Citizen sentiment analysis in social media. In *Proc. of the IJCNLP Workshop on Natural Language Processing for Social Media (SocialNLP)*, pages 23–28, Nagoya, Japan, Asian Federation of Natural Language Processing, October 2013. http://www.aclweb.org/anthology/ W13-4204

Neela Avudaiappan, Alexander Herzog, Sncha Kadam, Yuheng Du, Jason Thatcher, and Ilya Safro. Detecting and summarizing emergent events in microblogs and social media streams by dynamic centralities. 2016. https://arxiv.org/abs/1610.06431

Stefano Baccianella, Andrea Esuli, and Fabrizio Sebastiani. Sentiwordnet 3.0: An enhanced lexical resource for sentiment analysis and opinion mining. In *Proc. of the 7th International Conference on Language Resources and Evaluation (LREC'10)*, Valletta, Malta, European Language Resources Association (ELRA), May 2010. http://lrec.elra. info/proceedings /lrec2010/pdf/769_Paper.pdf

Lars Backstrom, Eric Sun, and Cameron Marlow. Find me if you can: Improving geographical prediction with social and spatial proximity. In *Proc. of the 19th International Conference on World Wide Web*, pages 61–70, ACM, 2010. DOI: 10.1145/1772690.1772698.

Hitham Abo Bakr, Khaled Shaalan, and Ibrahim Ziedan. A hybrid approach for converting written Egyptian colloquial dialect into diacritized Arabic. In *The 6th International Conference on Informatics and Systems, INFOS2008*, Cairo University, 2008. http://infos2008.fci. cu.edu.eg/ infos/NLP_05_P027-033.pdf

Ramnath Balasubramanyan, William W. Cohen, Doug Pierce, and David P. Redlawsk. What pushes their buttons? Predicting comment polarity from the content of political blog posts. In *Proc. of the Workshop on Language in Social Media (LSM)*, pages 12–19, Portland, Oregon, Association for Computational Linguistics, June 2011. http://www.aclweb.org/antholo gy/W11-0703

Timothy Baldwin, Paul Cook, Marco Lui, Andrew MacKinlay, and Li Wang. How noisy social media text, how different social media sources? In *Proc. of the 6th International Joint Conference on Natural Language Processing*, pages 356–364, Asian Federation of Natural Language

Processing, 2013. http://aclweb.org/anthology/I13-1041

Tyler Baldwin and Yunyao Li. An in-depth analysis of the effect of text normalization in social media, In *Proc. of the Conference of the North American Chapter of the Association for Computational Linguistics: Human Language Technologies*, pages 420–429, 2015. DOI: 10.3115/v1/n15-1045.

Georgios Balikas and Massih-Reza Amini. TwiSE at SemEval-2016 task 4: Twitter sentiment classification. In *Proc. of the 10th International Workshop on Semantic Evaluation (SemEval2016)*, pages 85–91, San Diego, California, Association for Computational Linguistics, June 2016. http://www.aclweb.org/anthology/S16-1010

Geoffrey Barbier, Zhuo Feng, Pritam Gundecha, and Huan Liu. Provenance data in social media. *Synthesis Lectures on Data Mining and Knowledge Discovery*, Morgan & Claypool Publishers, 2013. DOI: 10.2200/S00496ED1V01Y201304DMK007.

Francesco Barbieri, Horacio Saggion, and Francesco Ronzano. Modelling sarcasm in Twitter, a novel approach. In *Proc. of the 5th Workshop on Computational Approaches to Subjectivity, Sentiment and Social Media Analysis*, pages 50–58, Baltimore, Maryland, Association for Computational Linguistics, June 2014. DOI: 10.3115/v1/w14-2609.

Utsab Barman, Amitava Das, Joachim Wagner, and Jennifer Foster. Code mixing: A challenge for language identification in the language of social media. In *Proc. of the 1st Workshop on Computational Approaches to Code Switching*, pages 13–23, Doha, Qatar, Association for Computational Linguistics, October 2014. http://www.aclweb.org/anthology/W14-3902

Marco Baroni, Francis Chantree, Adam Kilgarriff, and Serge Sharoff. Cleaneval: A competition for cleaning web pages. In *Proc. of the 6th International Conference on Language Resources and Evaluation (LREC'08)*, Marrakech, Morocco, European Language Resources Association (ELRA), May 2008.

Leonard E. Baum and Ted Petrie. Statistical inference for probabilistic functions of finite state Markov chains. *The Annals of Mathematical Statistics*, pages 1554–1563, 1966. http://www. jstor.org/stable/2238772

Hila Becker, Feiyang Chen, Dan Iter, Mor Naaman, and Luis Gravano. Automatic identification and presentation of Twitter content for planned events. In *Proc. of the 5th International AAAI Conference on Weblogs and Social Media (ICWSM)*, pages 655–656, 2011a.

Hila Becker, Mor Naaman, and Luis Gravano. Beyond trending topics: Real-world event identification on Twitter. In *Proc. of the 5th*

International AAAI Conference on Weblogs and Social Media (ICWSM), pages 438–441, 2011b.

Hila Becker, Mor Naaman, and Luis Gravano. Selecting quality Twitter content for events. In *Proc. of the 5th International AAAI Conference on Weblogs and Social Media (ICWSM)*, pages 443–445, 2011c.

Hila Becker, Dan Iter, Mor Naaman, and Luis Gravano. Identifying content for planned events across social media sites. In *Proc. of the 5th ACM International Conference on Web Search and Data Mining*, pages 533–542, 2012. DOI: 10.1145/2124295.2124360.

Abdelghani Bellaachia and Mohammed Al-Dhelaan. HG-Rank: A hypergraph-based key phrase extraction for short documents in dynamic genre. In *4th Workshop on Making Sense of Microposts (#Microposts2014)*, pages 42–49, 2014. http://ceur-ws.org/Vol-1141/paper_06.pdf

Edward Benson, Aria Haghighi, and Regina Barzilay. Event discovery in social media feeds. In *Proc. of the 49th Annual Meeting of the Association for Computational Linguistics: Human Language Technologies*, volume 1, pages 389–398, Portland, OR, June 19–24, 2011. http: //dl.acm.org/citation.cfm?id=2002472.2002522

Adrian Benton, Margaret Mitchell, and Dirk Hovy. Multitask learning for mental health conditions with limited social media data. In *Proc. of the 15th Conference of the European Chapter of the Association for Computational Linguistics (Volume 1, Long Papers)*, pages 152–162, Valencia, Spain, April 2017. http://www.aclweb.org/anthology/E17-1015

Adam L. Berger, Vincent J. Della Pietra, and Stephen A. Della Pietra. A maximum entropy approach to natural language processing. *Computational Linguistics*, 22(1):39–71, March 1996. http://dl.acm.org/citation.cfm?id=234285.234289

Shane Bergsma, Paul McNamee, Mossaab Bagdouri, Clayton Fink, and Theresa Wilson. Language identification for creating language-specific Twitter collections. In *Proc. of the 2nd Workshop on Language in Social Media*, pages 65–74, Montréal, Canada, Association for Computational Linguistics, June 2012. http://www.aclweb.org/anthology/W12-2108

Adam Bermingham and Alan Smeaton. On using Twitter to monitor political sentiment and predict election results. In *Proc. of the Workshop on Sentiment Analysis where AI Meets Psychology (SAAIP)*, pages 2–10, Chiang Mai, Thailand, Asian Federation of Natural Language Processing, November 2011. http://www.aclweb.org/anthology/W11-3702

Gary Beverungen and Jugal Kalita. Evaluating methods for summarizing

Twitter posts. *Proc. of the 5th AAAI ICWSM*, 2011.

Li Bing, Keith C. C. Chan, and Carol Ou. Public sentiment analysis in Twitter data for prediction of a company's stock price movements. In *e-Business Engineering (ICEBE), IEEE 11th International Conference on*, pages 232–239, November 2014.

Christian Bizer, Tom Heath, and Tim Berners-Lee. Linked data-the story so far. *International Journal on Semantic Web and Information Systems*, 5(3):1–22, 2009.

David M. Blei, Andrew Y. Ng, and Michael I. Jordan. Latent Dirichlet allocation. *Journal of Machine Learning Research*, 3:993–1022, 2003. http://dl.acm.org/citation.cfm?id =944919.944937

Victoria Bobicev, Marina Sokolova, Yasser Jafer, and David Schramm. Learning sentiments from tweets with personal health information. In *Advances in Artificial Intelligence*, pages 37– 48. Springer, 2012. DOI: 10.1007/978-3-642-30353-1_4.

Johan Bollen, Huina Mao, and Alberto Pepe. Modeling public mood and emotion: Twitter sentiment and socio-economic phenomena. In *Proc. of the 5th International AAAI Conference on Weblogs and Social Media (ICWSM)*, pages 450–453, July 2011. http://arxiv.org/abs/ 0911.1583

Jonah Bollen, Huina Mao, and Xiao-Jun Zeng. Twitter mood predicts the stock market. *Computing Research Repository (CoRR)*, abs/1010.3003, 2010. http://arxiv.org/abs/1010. 3003

Kalina Bontcheva, Leon Derczynski, Adam Funk, Mark Greenwood, Diana Maynard, and Niraj Aswani. Twitie: An open-source information extraction pipeline for microblog text. In *Proc. of the International Conference Recent Advances in Natural Language Processing RANLP*, pages 83–90, INCOMA Ltd. Shoumen, Bulgaria, 2013. http://aclweb. org/anthology /R13-1011

Rahma Boujelbane, Meriem Ellouze Khemekhem, and Lamia Hadrich Belguith. Mapping rules for building a Tunisian dialect lexicon and generating corpora. *International Joint Conference on Natural Language Processing*, pages 419–429, October 2013. http://www.aclweb .org/ anthology/I13-1048

Danah Boyd and Nicole Ellison. Social network sites: Definition, history, and scholarship. *Journal of Computer-mediated Communication*, 13(1):210–230, 2007. DOI: 10.1111/j.10836101.2007.00393.x.

Margaret M. Bradley and Peter J. Lang. Affective norms for English words (ANEW): Instruction manual and affective ratings. *Technical report c-1*, University of Florida, The Center for Research in Psychophysiology,

1999.

Richard Brantingham and Aleem Hossain. Crowded: A crowd-sourced perspective of events as they happen. In *SPIE*, volume 8758, 2013. http://spie.org/Publications/Proceedi ngs/Paper/10.1117/12.2016596

Chris Brew. Classifying reachout posts with a radial basis function svm. In *Proc. of the 3rd Workshop on Computational Linguistics and Clinical Psychology*, pages 138–142, San Diego, CA, Association for Computational Linguistics, June 2016. http://www.aclweb.org/antholo gy/W16-0315

Ralf D. Brown. Selecting and weighting n-grams to identify 1,100 languages. In Ivan Habernal and Vaclav Matousek, Eds., *Text, Speech, and Dialogue*, volume 8082 of *Lecture Notes in*

Computer Science, pages 475–483, Springer, 2013. DOI: 10.1007/978-3-642-40585-3_60.

Tim Buckwalter. Buckwalter Arabic morphological analyzer version 2.0. LDC catalog number LDC2004L02. *Technical Report*, University of Pennsylvania, 2004. http://catalog.ldc. upenn.edu/LDC2004L02

Clinton Burfoot, Steven Bird, and Timothy Baldwin. Collective classification of congressional floor-debate transcripts. In *Proc. of the 49th Annual Meeting of the Association for Computational Linguistics: Human Language Technologies*, pages 1506–1515, Portland, Oregon, Association for Computational Linguistics, June 2011. http://www. aclweb.org/anthology/P111151

Cornelia Caragea, Adrian Silvescu, and Andrea H. Tapia. Identifying informative messages in disaster events using convolutional neural networks. In *Proc. of the ISCRAM Conference*, Rio de Janeiro, Brazil, May 2016. http://www.cse.unt.edu/~ccaragea/papers/iscram16a .pdf 103

Jean Carletta. Assessing agreement on classification tasks: The kappa statistic. *Computer Linguistics*, 22(2):249–254, June 1996. http://dl.acm. org/citation.cfm?id=230386.230390

Simon Carter, Manos Tsagkias, and Wouter Weerkamp. Twitter hashtags: Joint translation and clustering. In *Proc. of the ACM WebSci'11*, pages 1–3, 2011.

Simon Carter, Wouter Weerkamp, and Manos Tsagkias. Microblog language identification: Overcoming the limitations of short, unedited and idiomatic text. *Language Resources and Evaluation*, 47(1):195–215, March 2013. DOI: 10.1007/s10579-012-9195-y.

William B. Cavnar and John M. Trenkle. N-gram-based text categorization. In *Proc. of SDAIR-94, 3rd Annual Symposium on Document Analysis and Information Retrieval*, pages 161–175, 1994.

Fabio Celli. Unsupervised personality recognition for social network sites. In *The 6th International Conference on Digital Society ICDS*, January 2012. http://www.worldcat.org/isbn/ 978-1-61208-176-2

Chen Chen, Wu Dongxing, Hou Chunyan, and Yuan Xiaojie. Exploiting social media for stock market prediction with factorization machine. In *IEEE/WIC/ACM International Joint Conferences on Web Intelligence (WI) and Intelligent Agent Technologies (IAT)*, volume 2, pages 142–149, August 2014a. DOI: 10.1109/wi-iat.2014.91.

Chien Chin Chen and Meng Chang Chen. Tscan: A novel method for topic summarization and content anatomy. In *Proc. of the 31st Annual International ACM SIGIR Conference on Research and Development in Information Retrieval*, pages 579–586, New York, NY, 2008. DOI: 10.1145/1390334.1390433.

Hailiang Chen, Prabuddha De, Yu Hu, and Byoung-Hyoun Hwang. Sentiment revealed in social media and its effect on the stock market. In *Statistical Signal Processing Workshop (SSP), IEEE*, pages 25–28, June 2011.

Hailiang Chen, Prabuddha De, Yu Hu, and Byoung-Hyoun Hwang. Wisdom of crowds: The value of stock opinions transmitted through social media, 2014b. https://academic.oup.com/rfs/article-abstract/27/5/1367/1581938/Wisdomof-Crowds-The-Value-of-Stock-Opinions?redirectedFrom=fulltext

Zheng Chen and Xiaoqing Du. Study of stock prediction based on social network. In *Social Computing (SocialCom), International Conference on*, pages 913–916, September 2013.

Zhiyuan Cheng, James Caverlee, and Kyumin Lee. You are where you tweet: A contentbased approach to geo-locating Twitter users. In *Proc. of the 19th ACM International Conference on Information and knowledge Management*, pages 759–768, 2010. DOI: 10.1145/1871437.1871535.

Jorge Ale Chilet, Cuicui Chen, and Yusan Lin. Analyzing social media marketing in the highend fashion industry using named entity recognition. In *IEEE/ACM International Conference on Advances in Social Networks Analysis and Mining (ASONAM)*, 2016. http://ieeexplore .ieee.org/ abstract/document/7752300/

Freddy Chong Tat Chua and Sitaram Asur. Automatic summarization of events from social media. *Technical Report*, HP Labs, 2012. http://www.hpl.hp.com/research/scl/pape rs/socialmedia/tweet_summary.pdf

Camille Cobb, Ted McCarthy, Annuska Perkins, Ankitha Bharadwaj,

Jared Comis, Brian Do, and Kate Starbird. Designing for the deluge: Understanding and supporting the distributed, collaborative work of crisis volunteers. In *Proc. of the 17th ACM Conference on Computer Supported Cooperative Work and Social Computing, (CSCW'14)*, pages 888–899, 2014. DOI: 10.1145/2531602.2531712.

Richard Colbaugh and Kristin Glass. Estimating sentiment orientation in social media for intelligence monitoring and analysis. In *Intelligence and Security Informatics (ISI), IEEE International Conference on*, pages 135–137, May 2010.

Glen Coppersmith, Mark Dredze, and Craig Harman. Measuring post traumatic stress disorder in Twitter. In *Proc. of the 7th International AAAI Conference on Weblogs and Social Media (ICWSM)*, volume 2, pages 23–45, 2014a.

Glen Coppersmith, Mark Dredze, and Craig Harman. Quantifying mental health signals in Twitter. In *Proc. of the Workshop on Computational Linguistics and Clinical Psychology: From Linguistic Signal to Clinical Reality*, pages 51–60, 2014b. DOI: 10.3115/v1/w14-3207.

Glen Coppersmith, Mark Dredze, Craig Harman, and Kristy Hollingshead. From ADHD to SAD: Analyzing the language of mental health on Twitter through self-reported diagnoses. In *Proc. of the 2nd Workshop on Computational Linguistics and Clinical Psychology: From Linguistic Signal to Clinical Reality*, pages 1–10, Denver, CO, Association for Computational Linguistics, June 5, 2015a. DOI: 10.3115/v1/w15-1201.

Glen Coppersmith, Mark Dredze, Craig Harman, Kristy Hollingshead, and Margaret Mitchell. CLPsych 2015 shared task: Depression and PTSD on Twitter. In *Proc. of the 2nd Workshop on Computational Linguistics and Clinical Psychology: From Linguistic Signal to Clinical Reality*, pages 31–39, 2015b. DOI: 10.3115/v1/w15-1204.

Mário Cordeiro. Twitter event detection: Combining wavelet analysis and topic inference summarization. In *Doctoral Symposium on Informatics Engineering, DSIE*, 2012.

Corinna Cortes and Vladimir Vapnik. Support-vector networks. *Machine Learning*, 20(3):273–297, 1995. DOI: 10.1007/BF00994018.

S. Cucerzan. Large-scale named entity disambiguation based on Wikipedia data. In *Proc. of EMNLP-CoNLL*, pages 708–716, 2007. http://www.aclweb.org/anthology/D/D07/ D07-1074

Hamish Cunningham, Diana Maynard, Kalina Bontcheva, and Valentin Tablan. A framework and graphical development environment for robust NLP tools and applications. In *Proc. of the 40th Anniversary Meeting of the Association for Computational Linguistics (ACL'02)*. 2002.

Cristian Danescu-Niculescu-Mizil, Robert West, Dan Jurafsky, Jure Leskovec, and Christopher Potts. No country for old members: User lifecycle and linguistic change in online communities. In *Proc. of WWW*, 2013. DOI: 10.1145/2488388.2488416.

Hal Daumé, III and Jagadeesh Jagarlamudi. Domain adaptation for machine translation by mining unseen words. In *Proc. of the 49th Annual Meeting of the Association for Computational Linguistics: Human Language Technologies (Volume 2, Short Papers), (HLT'11)*, pages 407–412, 2011. http://dl.acm.org/citation.cfm?id=2002736.2002819

Dmitry Davidov, Oren Tsur, and Ari Rappoport. Semi-supervised recognition of sarcasm in Twitter and Amazon. In *Proc. of the 14th Conference on Computational Natural Language Learning*, pages 107–116, Uppsala, Sweden, Association for Computational Linguistics, July 2010. http://www.aclweb.org/anthology/W10-2914

Munmun De Choudhury, Scott Counts, and Eric Horvitz. Social media as a measurement tool of depression in populations. *Proc. of the 5th Annual ACM Web Science Conference (WebSci'13)*, pages 47–56, 2013a. DOI: 10.1145/2464464.2464480.

Munmun De Choudhury, Michael Gamon, Scott Counts, and Eric Horvitz. Predicting depression via social media. In *Proc. of the 7th International AAAI Conference on Weblogs and Social Media*, volume 2, pages 128–137, 2013b. http://www.aaai.org/ocs/index.php/ICWSM /ICWSM13/paper/viewFile/6124/6351

Pragna Debnath, Saniul Haque, Somprakash Bandyopadhyay, and Siuli Roy. Post-disaster situational analysis from whatsapp group chats of emergency response providers. In *Proc. of the ISCRAM Conference*, Rio de Janeiro, Brazil, May 2016. http://idl.iscram.org/files/p ragnadebnath/2016/1393_PragnaDebnath_etal2016.pdf

Jean-Yves Delort and Enrique Alfonseca. Description of the Google update summarizer. In *Proc. of the Text Analysis Conference (TAC2011)*, 2011. http://www.nist.gov/tac/publi cations/2011/participant.papers/GOOGLE.proceedings.pdf

Seniz Demir. Context tailoring for text normalization. In *Proc. of TextGraphs-10: The Workshop on Graph-based Methods for Natural Language Processing*, pages 6–14, San Diego, CA, Association for Computational Linguistics, June 2016. http://www.aclweb.org/anthology/W161402

Leon Derczynski and Kalina Bontcheva. Passive-aggressive sequence labeling with discriminative post-editing for recognising person entities in tweets. In *Proc. of the 14th Conference of the European Chapter of* the Association for Computational Linguistics (Volume 2, Short Papers), pages 69–73, Gothenburg, Sweden, April 2014. http://www.aclweb.org/anthology/E 14-4014

Leon Derczynski, Diana Maynard, Niraj Aswani, and Kalina Bontcheva. Microblog-genre noise and impact on semantic annotation accuracy. In *Proc. of the 24th ACM Conference on Hypertext and Social Media*, pages 21–30, Paris, France, May 2013a. http://derczynski.c om/sheffield/papers/ner_issues.pdf DOI: 10.1145/2481492.2481495.

Leon Derczynski, Alan Ritter, Sam Clark, and Kalina Bontcheva. Twitter part-of-speech tagging for all: Overcoming sparse and noisy data. In *Proc. of the International Conference on Recent Advances in Natural Language Processing*, Hissar, Bulgaria, ACL, September 7–13, 2013b.

Leon Derczynski, Diana Maynard, Giuseppe Rizzo, Marieke van Erp, Genevieve Gorrell, Raphael Troncy, Johann Petrak, and Kalina Bontcheva. Analysis of named entity recognition and linking for tweets. In *Information Processing and Management*, pages 32–49, 2014. http://www.sciencedirect.com/science/article/pii/S0306457314001034 DOI: 10.1016/j.ipm.2014.10.006.

Jan Deriu, Maurice Gonzenbach, Fatih Uzdilli, Aurelien Lucchi, Valeria De Luca, and Martin Jaggi. SwissCheese at SemEval-2016 task 4: Sentiment classification using an ensemble of convolutional neural networks with distant supervision. In *Proc. of the 10th International Workshop on Semantic Evaluation (SemEval-2016)*, pages 1124–1128, San Diego, CA, Association for Computational Linguistics, June 2016. http://www.aclweb.org/anthology/S161173 DOI: 10.18653/v1/s16-1173.

Mona Diab, Nizar Habash, Owen Rambow, Mohamed Altantawy, and Yassine Benajiba. Colaba: Arabic dialect annotation and processing. In *LREC Workshop on Semitic Language Processing*, pages 66–74, 2010.

Nicholas Diakopoulos, Mor Naaman, and Funda Kivran-Swaine. Diamonds in the rough: Social media visual analytics for journalistic inquiry. In *IEEE Symposium on Visual Analytics Science and Technology (VAST)*, pages 115–122, October 2010. DOI: 10.1109/vast.2010.5652922.

Štefan Dlugolinský, Peter Krammer, Marek Ciglan, Michal Laclavík, and Ladislav Hluchý. Combining named entity recognition methods for concept extraction in Microposts. In *4th Workshop on Making Sense of Microposts (#Microposts2014)*, pages 34–41, 2014. http://ceurws.org/Vol-1141/paper_09.pdf

Peter Sheridan Dodds and Christopher M. Danforth. Measuring the happiness of large-scale written expression: Songs, blogs, and presidents. *Journal of Happiness Studies*, 11(4):441–456, 2010.

Mark Dredze, Nicholas Andrews, and Jay DeYoung. Twitter at the Grammys: A social media corpus for entity linking and disambiguation. In *Proc. of The 4th International Workshop on Natural Language Processing for Social Media*, pages 20–25, Austin, TX, Association for Computational Linguistics, November 2016. http://aclweb.org/anthology/W16-6204

Yajuan Duan, Long Jiang, Tao Qin, Ming Zhou, and Heung-Yeung Shum. An empirical study on learning to rank of tweets. In *Proc. of the 23rd International Conference on Computational Linguistics, (COLING)*, pages 295–303, Stroudsburg, PA, Association for Computational Linguistics, 2010. http://dl.acm.org/citation.cfm?id=1873781.1873815

Ted Dunning. Statistical identification of language. *Technical Report*, Computing Research Laboratory, New Mexico State University, 1994.

Miles Efron. Information search and retrieval in microblogs. *Journal of American Society for Information Science and Technology*, 62(6):996–1008, June 2011. DOI: 10.1002/asi.21512.

Jacob Eisenstein. Phonological factors in social media writing. In *Proc. of the Workshop on Language Analysis in Social Media*, pages 11–19, Atlanta, GA, Association for Computational Linguistics, June 2013a. http://www.aclweb.org/anthology/W13-1102

Jacob Eisenstein. What to do about bad language on the Internet. In *Proc. of the Conference of the North American Chapter of the Association for Computational Linguistics: Human Language Technologies*, pages 359–369, Atlanta, GA, June 2013b. http://www.aclweb.org/antholo gy/N13-1037

Jacob Eisenstein, Brendan O'Connor, Noah A. Smith, and Eric P. Xing. A latent variable model for geographic lexical variation. In *Proc. of the Conference on Empirical Methods in Natural Language Processing*, pages 1277–1287, ACL, 2010. http://dl.acm.org/citation.cfm?id=1870658.1870782

Jacob Eisenstein, Noah A. Smith, and Eric P. Xing. Discovering sociolinguistic associations with structured sparsity. In *Proc. of the 49th Annual Meeting of the Association for Computational Linguistics: Human Language Technologies*, pages 1365–1374, Portland, OR, Association for Computational Linguistics, June 2011. http://www.aclweb.org/anthology/P11-1137

Paul Ekman. An argument for basic emotions. *Cognition and Emotion*, 6(3–4):169–200, 1992.

Heba Elfardy and Mona Diab. Sentence level dialect identification in Arabic. In *Proc. of the 51st Annual Meeting of the Association for*

Computational Linguistics (Volume 2, Short Papers), pages 456–461, Sofia, Bulgaria, Association for Computational Linguistics, August 2013. http://www.aclweb.org/anthology/P13-2081

Brian Eriksson, Paul Barford, Joel Sommers, and Robert Nowak. A learning-based approach for IP geolocation. In *Passive and Active Measurement*, pages 171–180. Springer, 2010. DOI: 10.1007/978-3-642-12334-4_18.

Atefeh Farzindar and Diana Inkpen, Eds. *Proc. of the Workshop on Semantic Analysis in Social Media*. Association for Computational Linguistics, Avignon, France, April 2012. http: //www.aclweb.org/anthology/W12-06

Atefeh Farzindar and Wael Khreich. A survey of techniques for event detection in Twitter. *Computational Intelligence*, 2013. DOI: 10.1111/coin.12017.

Atefeh Farzindar, Michael Gamon, Diana Inkpen, Meena Nagarajan, and Cristian DanescuNiculescu-Mizil, Eds. *Proc. of the Workshop on Language Analysis in Social Media*. Association for Computational Linguistics, Atlanta, GA, June 2013. http://www.aclweb.org/antho logy/W13-11

Atefeh Farzindar, Diana Inkpen, Michael Gamon, and Meena Nagarajan, Eds. *Proc. of the 5th Workshop on Language Analysis for Social Media (LASM)*. Association for Computational Linguistics, Gothenburg, Sweden, April 2014. http://www.aclweb.org/anthology/W1413

Paolo Ferragina and Ugo Scaiella. TAGME: On-the-fly annotation of short text fragments (by Wikipedia entities). *Computing Research Repository (CoRR)*, abs/1006.3498, 2010. http: //arxiv.org/abs/1006.3498

Antske Fokkens, Marieke van Erp, Marten Postma, Ted Pedersen, Piek Vossen, and Nuno Freire. Offspring from reproduction problems: What replication failure teaches us. In *Proc. of the 51st Annual Meeting of the Association for Computational Linguistics*, volume 1, pages 1691– 1701, Sofia, Bulgaria, ACL, August 2013. http://www.aclweb.org/anthology/P131166

Dominey Peter Ford and Thomas Voegtlin. Learning word meaning and grammatical constructions from narrated video events. In *Proc. of the HLT-NAACL Workshop on Learning Word Meaning from Non Linguistic Data*, 2003. http://aclweb.org/anthology/W03-0606

Eric N. Forsyth and Craig H. Martell. Lexical and discourse analysis of online chat dialog. In *Semantic Computing, ICSC, International Conference on*, pages 19–26, IEEE, 2007. DOI: 10.1109/ICSC.2007.54.

George Foster, Cyril Goutte, and Roland Kuhn. Discriminative instance weighting for domain adaptation in statistical machine translation. In *Proc. of the Conference on Empirical Methods in Natural Language Processing*, pages 451–459, Cambridge, MA, Association for Computational Linguistics, October 2010. http://www.aclweb.org/anthology/D10-1044

Jennifer Foster, Ozlem Cetinoglu, Joachim Wagner, Joseph Le Roux, Joakim Nivre, Deirdre Hogan, and Josef van Genabith. From news to comment: Resources and benchmarks for parsing the language of Web 2.0. In *Proc. of 5th International Joint Conference on Natural Language Processing*, pages 893–901, Chiang Mai, Thailand, Asian Federation of Natural Language Processing, November 2011. http://www.aclweb.org/anthology/I11-1100

Dieter Fox, Dirk Schulz, Gaetano Borriello, Jeffrey Hightower, and Lin Liao. Bayesian filtering for location estimation. *IEEE Pervasive Computing*, 2(3):24–33, 2003. DOI: 10.1109/MPRV.2003.1228524.

Jerome H. Friedman. Greedy function approximation: A gradient boosting machine. *Annals of Statistics*, pages 1189–1232, 2001.

Spandana Gella, Paul Cook, and Timothy Baldwin. One sense per tweeter ... and other lexical semantic tales of Twitter. In *Proc. of the 14th Conference of the European Chapter of the Association for Computational Linguistics (Volume 2, Short Papers)*, pages 215–220, Gothenburg, Sweden, April 2014. http://www.aclweb.org/anthology/E14-4042 DOI: 10.3115/v1/e14-4042.

Diman Ghazi, Diana Inkpen, and Stan Szpakowicz. Hierarchical vs. flat classification of emotions in text. In *Proc. of the NAACL HLT Workshop on Computational Approaches to Analysis and Generation of Emotion in Text*, pages 140–146, Los Angeles, CA, Association for Computational Linguistics, June 2010. http://www.aclweb.org/anthology/W10-0217

Diman Ghazi, Diana Inkpen, and Stan Szpakowicz. Prior and contextual emotion of words in sentential context. *Computer Speech and Language*, 28(1):76–92, 2014. DOI: 10.1016/j.csl.2013.04.009.

Gonzalo Blazquez Gil, Antonio Berlanga de Jesus, and Jose M. Molina Lopez. Combining machine learning techniques and natural language processing to infer emotions using Spanish Twitter corpus. In *PAAMS (Workshops)*, pages 149–157, 2013.

Kevin Gimpel, Nathan Schneider, Brendan O'Connor, Dipanjan Das, Daniel Mills, Jacob Eisenstein, Michael Heilman, Dani Yogatama, Jeffrey Flanigan, and Noah A. Smith. Partof-speech tagging for Twitter: Annotation, features, and experiments. In *Proc. of the ACL Conference Short Papers*, Portland, OR, June 19–24, 2011, volume 2 of

HLT'11, pages 42–47, Stroudsburg, PA, Association for Computational Linguistics, 2011. http://dl.acm.org/c itation.cfm?id=2002736.2002747 DOI: 10.21236/ada547371.

George Gkotsis, Anika Oellrich, Tim Hubbard, Richard Dobson, Maria Liakata, Sumithra Velupillai, and Rina Dutta. The language of mental health problems in social media. In *Proc. of the 3rd Workshop on Computational Linguistics and Clinical Psychology*, pages 63–73, San Diego, CA, Association for Computational Linguistics, June 2016. http:// www.aclw eb.org/anthology/W16-0307 DOI: 10.18653/v1/w16-0307.

Alec Go, Richa Bhayani, and Lei Huang. Twitter sentiment classification using distant supervision. *Technical Report* CS224N, Stanford University, 2009.

Moises Goldszmidt, Marc Najork, and Stelios Paparizos. Boot-strapping language identifiers for short colloquial postings. In Hendrik Blockeel, Kristian Kersting, Siegfried Nijssen, and Filip Zelezny, Eds., *Machine Learning and Knowledge Discovery in Databases*, volume 8189 of *Lecture Notes in Computer Science*, pages 95–111, Springer Berlin Heidelberg, 2013. DOI: 10.1007/978-3-642-40991-2_7.

Roberto González-Ibáñez, Smaranda Muresan, and Nina Wacholder. Identifying sarcasm in Twitter: A closer look. In *Proc. of the 49th Annual Meeting of the Association for Computational Linguistics: Human Language Technologies*, pages 581–586, Portland, OR, Association for Computational Linguistics, June 2011. http://www.aclweb.org/ anthology/P11-2102

Fabrizio Gotti, Philippe Langlais, and Atefeh Farzindar. Translating government agencies' tweet feeds: Specificities, problems and (a few) solutions. In *Proc. of the Workshop on Language Analysis in Social Media*, pages 80–89, Atlanta, GA, Association for Computational Linguistics, June 2013. http://www.aclweb.org/anthology/W13-1109

Fabrizio Gotti, Phillippe Langlais, and Atefeh Farzindar. Hashtag occurrences, layout and translation: A corpus-driven analysis of tweets published by the Canadian government. In *Proc. of the 9th International Conference on Language Resources and Evaluation (LREC'14)*, Reykjavik, Iceland, European Language Resources Association (ELRA), May 2014.

Hansu Gu, Xing Xie, Qin Lv, Yaoping Ruan, and Li Shang. Etree: Effective and efficient event modeling for real-time online social media networks. In *Web Intelligence and Intelligent Agent Technology (WI-IAT), IEEE/ WIC/ACM International Conference on*, volume 1, pages 300– 307, 2011. DOI: 10.1109/WI-IAT.2011.126.

Pedro Calais Guerra, Wagner Meira, Jr., and Claire Cardie. Sentiment analysis on evolving social streams: How self-report imbalances can help. In *Proc. of the 7th ACM International Conference on Web Search and Data Mining, (WSDM'14)*, pages 443–452, New York, NY, 2014. DOI: 10.1145/2556195.2556261.

Weiwei Guo, Hao Li, Heng Ji, and Mona Diab. Linking tweets to news: A framework to enrich short text data in social media. In *Proc. of the 51st Annual Meeting of the Association for Computational Linguistics (Volume 1, Long Papers)*, pages 239–249, Association for Computational Linguistics, 2013. http://aclweb.org/anthology/P13-1024

Nizar Habash. Introduction to Arabic natural language processing. *Synthesis Lectures on Human Language Technologies*, 3(1):1–187, 2010. DOI: 10.1162/COLI_r_00066.

Nizar Habash and Owen Rambow. Magead: A morphological analyzer and generator for the Arabic dialects. In *Proc. of the 21st International Conference on Computational Linguistics and 44th Annual Meeting of the Association for Computational Linguistics*, pages 681–688, Sydney, Australia, July 17–21, 2006. DOI: 10.3115/1220175.1220261.

Nizar Habash, Owen Rambow, and Ryan Roth. Mada+tokan: A toolkit for Arabic tokenization, diacritization, morphological disambiguation, POS tagging, stemming and lemmatization. In *Proc. of the 2nd International Conference on Arabic Language Resources and Tools (MEDAR)*, pages 102–109, Cairo, Egypt, 2009.

Sherzod Hakimov, Salih Atilay Oto, and Erdogan Dogdu. Named entity recognition and disambiguation using linked data and graph-based centrality scoring. In *Proc. of the 4th International Workshop on Semantic Web Information Management, (SWIM'12)*, pages 4:1–4:7, New York, NY, ACM, 2012. DOI: 10.1145/2237867.2237871.

Bo Han and Timothy Baldwin. Lexical normalisation of short text messages: Makn sens a# Twitter. In *Proc. of the 49th Annual Meeting of the Association for Computational Linguistics: Human Language Technologies*, Portland, OR, volume 1, pages 368–378, June 19–24, 2011. http://dl.acm.org/citation.cfm?id=2002472.2002520

Bo Han, Paul Cook, and Timothy Baldwin. Geolocation prediction in social media data by finding location indicative words. In *Proc. of COLING*, pages 1045–1062, Mumbai, India, The COLING Organizing Committee, December 2012. http://www.aclweb.org/antho logy/C12-1064

Bo Han, Paul Cook, and Timothy Baldwin. Text-based Twitter user geolocation prediction. *Artificial Intelligence Research*, 49(1):451–500, January 2014. http://dl.acm.org/citatio n.cfm?id=2655713.2655726

Sanda Harabagiu and Andrew Hickl. Relevance modeling for microblog summarization. In *International AAAI Conference on Weblogs and Social Media*, 2011. http://www.aaai.org/o cs/index.php/ICWSM/ICWSM11/paper/view/2863

Phillip G. Harrison, S. Abney, E. Black, D. Flickinger, C. Gdaniec, R. Grishman, D. Hindle, R. Ingria, M. Marcus, B. Santorini, and T. Strzalkowski. Evaluating syntax performance of parsers/grammars of English. In *Proc. of the Workshop on Evaluating Natural Language Processing Systems*, pages 71–77, Berkley, CA, ACL, 1991.

Vasileios Hatzivassiloglou and Kathleen R. McKeown. Predicting the semantic orientation of adjectives. In *Proc. of the 35th Annual Meeting of the Association for Computational Linguistics and 8th Conference of the European Chapter of the Association for Computational Linguistics, (ACL'98)*, pages 174–181, Stroudsburg, PA, 1997. DOI: 10.3115/976909.979640.

Hangfeng He and Xu Sun. F-score driven max margin neural network for named entity recognition in Chinese social media. In *Proc. of the 15th Conference of the European Chapter of the Association for Computational Linguistics (Volume 2, Short Papers)*, pages 713–718, Valencia, Spain, April 2017. http://www.aclweb.org/anthology/E17-2113

Wu He, Shenghua Zha, and Ling Li. Social media competitive analysis and text mining: A case study in the pizza industry. *International Journal of Information Management*.

Brent Hecht, Lichan Hong, Bongwon Suh, and Ed H. Chi. Tweets from Justin Bieber's heart: The dynamics of the location field in user profiles. In *Proc. of the SIGCHI Conference on Human Factors in Computing Systems, (CHI'11)*, pages 237–246, ACM, 2011. DOI: 10.1145/1978942.1978976.

Verena Henrich and Alexander Lang. Audience segmentation in social media. In *Proc. of the Software Demonstrations of the 15th Conference of the European Chapter of the Association for Computational Linguistics*, pages 53–56, Valencia, Spain, Association for Computational Linguistics, April 2017. http://aclweb.org/anthology/E17-3014

Bahareh Rahmanzadeh Heravi and Ihab Salawdeh. Tweet location detection. In *Computation and Journalism Symposium*, Columbia University, New York, October 2015. http://cj2015. brown.columbia.edu/papers/tweet-location.pdf

Johannes Hoffart, Mohamed Amir Yosef, Ilaria Bordino, Hagen Fürstenau, Manfred Pinkal, Marc Spaniol, Bilyana Taneva, Stefan Thater, and Gerhard Weikum. Robust disambiguation of named entities in text. In

Proc. of the Conference on Empirical Methods in Natural Language Processing, pages 782–792, Edinburgh, Scotland, UK, Association for Computational Linguistics, July 2011. http://www.aclweb.org/anthology/D11-1072

Johannes Hoffart, Stephan Seufert, Dat Ba Nguyen, Martin Theobald, and Gerhard Weikum. Kore: Keyphrase overlap relatedness for entity disambiguation. In *Proc. of the 21st ACM International Conference on Information and Knowledge Management, (CIKM'12)*, pages 545– 554, New York, NY, 2012. DOI: 10.1145/2396761.2396832.

Lars E. Holzman and William M. Pottenger. Classification of emotions in Internet chat: An application of machine learning using speech phonemes. *Retrieved November*, 27:2011, 2003.

Tobias Horsmann and Torsten Zesch. LTL-UDE at EmpiriST 2015: Tokenization and PoS tagging of social media text. In *Proc. of the 10th Web as Corpus Workshop*, pages 120–126, Berlin. Germany, Association for Computational Linguistics, August 2016. http://aclweb .org/anthology/W16-2615

Christine Howes, Matthew Purver, and Rose McCabe. Linguistic indicators of severity and progress in online text-based therapy for depression. In *Workshop on Computational Linguistics and Clinical Psychology*, number 611733, pages 7–16, 2014.

Wen-Tai Hsieh, Seng-cho T. Chou, Yu-Hsuan Cheng, and Chen-Ming Wu. Predicting tv audience rating with social media. In *Proc. of the IJCNLP Workshop on Natural Language Processing for Social Media (SocialNLP)*, pages 1–5, Nagoya, Japan, Asian Federation of Natural Language Processing, October 2013. http://www.aclweb.org/anthology/W13-4201

Meishan Hu, Aixin Sun, and Ee-Peng Lim. Comments-oriented blog summarization by sentence extraction. In *Proc. of the ACM 16th Conference on Information and Knowledge Management (CIKM 2007)*, pages 901–904, Lisbon, Portugal, November 6–9, 2007a. DOI: 10.1145/1321440.1321571.

Meishan Hu, Aixin Sun, and Ee-Peng Lim. Comments-oriented blog summarization by sentence extraction. In *Proc. of the 16th ACM Conference on Conference on Information and Knowledge Management*, pages 901–904, 2007b. DOI: 10.1145/1014052.1014073.

Minqing Hu and Bing Liu. Mining and summarizing customer reviews. In *Proc. of the 10th ACM SIGKDD Conference on Knowledge Discovery and Data Mining*, pages 168–177, Seattle, WA, August 22–25, 2004. DOI: 10.1145/1014052.1014073.

Xiaohua Hu, Xiaodan Zhang, Daniel Wu, Xiaohua Zhou, and Peter Rumm. Text mining the biomedical literature for identification of potential virus/bacterium as bio-terrorism weapons. In Hsinchun Chen, Edna Reid, Joshua Sinai, Andrew Silke, and Boaz Ganor, Eds., *Terrorism Informatics*, volume 18 of *Integrated Series In Information Systems*, pages 385–406. Springer, 2008. DOI: 10.1007/978-0-387-71613-8_18.

Fei Huang. Improved arabic dialect classification with social media data. In *Proc. of the Conference on Empirical Methods in Natural Language Processing*, pages 2118–2126, Lisbon, Portugal, Association for Computational Linguistics, September 2015. http://aclweb.org/antho logy/D15-1254

Wenyi Huang, Ingmar Weber, and Sarah Vieweg. Inferring nationalities of Twitter users and studying inter-national linking. In *Proc. of the 25th ACM Conference on Hypertext and Social Media, (HT'14)*, pages 237–242, New York, NY, 2014. DOI: 10.1145/2631775.2631825.

Muhammad Imran, Shady Mamoon Elbassuoni, Carlos Castillo, Fernando Diaz, and Patrick Meier. Extracting information nuggets from disaster-related messages in social media. In *ISCRAM*, Baden-Baden, Germany, 2013.

Diana Inkpen, Ji Liu, Atefeh Farzindar, Farzaneh Kazemi, and Diman Ghazi. Location detection and disambiguation from Twitter messages. In *Proc. of the 16th International Conference on Intelligent Text Processing and Computational Linguistics (CICLing 2015), LNCS 9042*, pages 321–332, Cairo, Egypt, 2015. DOI: 10.1007/978-3-319-18117-2_24.

David Inouye and Jougal K. Kalita. Comparing Twitter summarization algorithms for multiple post summaries. In *Privacy, Security, Risk and Trust (PASSAT) and IEEE 3rd International Conference on Social Computing (SocialCom)*, pages 298–306, October 2011.

Caroll E. Izard. *The Face of Emotion*. Appleton-Century-Crofts, 1971.

Zunaira Jamil, Diana Inkpen, Prasadith Buddhitha, and Kenton White. Monitoring tweets for depression to detect at-risk users. In *Proc. of the 4th Workshop on Computational Linguistics and Clinical Psychology—From Linguistic Signal to Clinical Reality*, pages 32–40, Vancouver, BC, Association for Computational Linguistics, August 2017. http://www.aclweb.org/antho logy/W17-3104 DOI: 10.18653/v1/w17-3104.

Laura Jehl, Felix Hieber, and Stefan Riezler. Twitter translation using translation-based crosslingual retrieval. In *Proc. of the 7th Workshop on Statistical Machine Translation*, pages 410–421, ACL, 2012. http://dl.acm.org/citation.cfm?id=2393015.2393074

Laura Elisabeth Jehl. Machine translation for Twitter. Master's thesis, The

University of Edinburgh, 2010. http://hdl.handle.net/1842/5317

Xiaotian Jin, Defeng Guo, and Hongjian Liu. Enhanced stock prediction using social network and statistical model. In *Advanced Research and Technology in Industry Applications (WARTIA), IEEE Workshop on*, pages 1199–1203, September 2014.

Nitin Jindal and Bing Liu. Opinion spam and analysis. In *Proc. of the International Conference on Web Search and Web Data Mining, WSDM*, pages 219–230, Palo Alto, CA, February 11–12, 2008. DOI: 10.1145/1341531.1341560.

Kristen Johnson, Di Jin, and Dan Goldwasser. Leveraging behavioral and social information for weakly supervised collective classification of political discourse on Twitter. In *Proc. of the 55th Annual Meeting of the Association for Computational Linguistics (Volume 1, Long Papers)*, pages 741–752, Vancouver, Canada, Association for Computational Linguistics, July 2017. http://aclweb.org/anthology/P17-1069 DOI: 10.18653/v1/p17-1069.

Joel Judd and Jugal Kalita. Better Twitter summaries? In *Proc. of the Conference of the North American Chapter of the Association for Computational Linguistics: Human Language Technologies*, pages 445–449, Atlanta, GA, June 2013. http://www.aclweb.org/anthology/N13-1047

Yuchul Jung, Hogun Park, and SungHyon Myaeng. A hybrid mood classification approach for blog text. In Qiang Yang and Geoff Webb, Eds., *PRICAI: Trends in Artificial Intelligence*, volume 4099 of *Lecture Notes in Computer Science*, pages 1099–1103, Springer Berlin Heidelberg, 2006. DOI: 10.1007/978-3-540-36668-3_141.

Lisa Kaati, Amendra Shrestha, Katie Cohen, and Sinna Lindquist. Automatic detection of xenophobic narratives: A case study on Swedish alternative media. In *IEEE Conference on Intelligence and Security Informatics (ISI)*, Tucson, AZ, September 2016. https://www.researchgate.net/publication/308784964_Automatic_detection_ of_ xenophobic_narratives_A_case_study_on_Swedish_alternative_media DOI: 10.1109/isi.2016.7745454.

Ranjitha Kashyap and Ani Nahapetian. Tweet analysis for user health monitoring. In *Advances in Personalized Healthcare Services, Wearable Mobile Monitoring, and Social Media Pervasive Technologies*, IEEE, 12 2014.

Fazel Keshtkar and Diana Inkpen. A hierarchical approach to mood classification in blogs. *Natural Language Engineering*, 18(1):61–81, 2012. DOI: 10.1017/S1351324911000118.

Elham Khabiri, James Caverlee, and Chiao-Fang Hsu. Summarizing user-contributed comments. In *International AAAI Conference on Weblogs and Social Media*, 2011. http://www.aa ai.org/ocs/index.php/ICWSM/ICWSM11/paper/view/2865/3257

Mohammad Khan, Markus Dickinson, and Sandra Kuebler. Does size matter? Text and grammar revision for parsing social media data. In *Proc. of the Workshop on Language Analysis in Social Media (LASM), NAACL-HLT*, pages 1–10, Atlanta, GA, June 2013. http: //www.aclweb.org/anthology/W13-1101

Hyun Duk Kim and ChengXiang Zhai. Generating comparative summaries of contradictory opinions in text. In *Proc. of the 18th ACM Conference on Information and Knowledge Management, (CIKM'09)*, pages 385–394, New York, NY, 2009. DOI: 10.1145/1645953.1646004.

Seon Ho Kim, Ying Lu, Giorgos Constantinou, Cyrus Shahabi, Guanfeng Wang, and Roger Zimmermann. Mediaq: Mobile multimedia management system. In *Multimedia Systems Conference, (MMSys'14)*, pages 224–235, Singapore, March 19–21, 2014. DOI: 10.1145/2557642.2578223.

Sheila Kinsella, Vanessa Murdock, and Neil O'Hare. I'm eating a sandwich in Glasgow: Modeling locations with tweets. In *Proc. of the 3rd International Workshop on Search and Mining User-generated Contents, (SMUC'11)*, pages 61–68, New York, NY, ACM, 2011. DOI: 10.1145/2065023.2065039.

Athanasios Kokkos and Theodoros Tzouramanis. A robust gender inference model for online social networks and its application to LinkedIn and Twitter. *First Monday*, 2014. http: //firstmonday.org/ojs/index.php/fm/article/view/5216

Lingpeng Kong, Nathan Schneider, Swabha Swayamdipta, Archna Bhatia, Chris Dyer, and Noah A. Smith. A dependency parser for tweets. In *Proc. of the Conference on Empirical Methods in Natural Language Processing (EMNLP)*, pages 1001–1012, Doha, Qatar, Association for Computational Linguistics, October 2014. http://www.aclweb.org/anthology/D141108 DOI: 10.3115/v1/d14-1108.

Xerxes P. Kotval and Michael J. Burns. Visualization of entities within social media: Toward understanding users' needs. *Bell Labs Technical Journal*, 17(4):77–102, March 2013. DOI: 10.1002/bltj.21576.

John D. Lafferty, Andrew McCallum, and Fernando C. N. Pereira. Conditional random fields: Probabilistic models for segmenting and labeling sequence data. In *Proc. of the 18th International Conference on Machine Learning, (ICML'01)*, pages 282–289, San Francisco, CA,

Morgan Kaufmann Publishers Inc., 2001. http://dl.acm.org/citation. cfm?id=645530. 655813

Vasileios Lampos, Daniel Preotiuc-Pietro, and Trevor Cohn. A user-centric model of voting intention from social media. In *Proc. of the 51st Annual Meeting of the Association for Computational Linguistics (Volume 1, Long Papers)*, pages 993–1003, Sofia, Bulgaria, Association for Computational Linguistics, August 2013. http://www.aclweb.org/anthology/P13-1098

Vasileios Lampos, Nikolaos Aletras, Daniel Preotiuc-Pietro, and Trevor Cohn. Predicting and characterising user impact on Twitter. In *Proc. of the 14th Conference of the European Chapter of the Association for Computational Linguistics*, pages 405–413, Gothenburg, Sweden, April 2014. http://www.aclweb.org/anthology/E14-1043 DOI: 10.3115/v1/e14-1043.

Victor Lavrenko and W. Bruce Croft. Relevance based language models. In *Proc. of the 24th Annual International ACM SIGIR Conference on Research and Development in Information Retrieval*, pages 120–127, New York, NY, 2001. DOI: 10.1145/383952.383972.

Ryong Lee and Kazutoshi Sumiya. Measuring geographical regularities of crowd behaviors for Twitter-based geo-social event detection. In *Proc. of the 2nd ACM SIGSPATIAL International Workshop on Location Based Social Networks*, pages 1–10, 2010. DOI: 10.1145/1867699.1867701.

Will Lewis. Haitian Creole: How to build and ship an MT engine from scratch in 4 days, 17 hours, and 30 minutes. In *EAMT: Proc. of the 14th Annual conference of the European Association for Machine Translation*, 2010.

Chenliang Li, Jianshu Weng, Qi He, Yuxia Yao, Anwitaman Datta, Aixin Sun, and Bu-Sung Lee. Twiner: Named entity recognition in targeted Twitter stream. In *Proc. of the 35th International ACM SIGIR Conference on Research and Development in Information Retrieval, (SIGIR'12)*, pages 721–730, New York, NY, 2012a. DOI: 10.1145/2348283.2348380.

Huayi Li, Arjun Mukherjee, Bing Liu, Rachel Kornfield, and Sherry Emery. Detecting campaign promoters on Twitter using Markov Random Fields. In *Proc. of the IEEE International Conference on Data Mining (ICDM'14)*, 2014a. http://www.cs.uic.edu/~liub/publica tions/twitter-promoters-paper531.pdf DOI: 10.1109/icdm.2014.59.

Jiwei Li, Sujian Li, Xun Wang, Ye Tian, and Baobao Chang. Update summarization using a multi-level hierarchical Dirichlet process model. In *Proc. of the International Conference on Computational Linguistics,*

(COLING), pages 1603–1618, Mumbai, India, December 2012b. http://www.aclweb.org/anthology/C12-1098

Jiwei Li, Myle Ott, Claire Cardie, and Eduard Hovy. Towards a general rule for identifying deceptive opinion spam. In *Proc. of the 52nd Annual Meeting of the Association for Computational Linguistics (Volume 1, Long Papers)*, pages 1566–1576, Association for Computational Linguistics, 2014b. http://aclweb.org/anthology/P14-1147 DOI: 10.3115/v1/p14-1147.

Jiwei Li, Alan Ritter, Claire Cardie, and Eduard Hovy. Major life event extraction from Twitter based on congratulations/condolences speech acts. In *Proc. of the Conference on Empirical Methods in Natural Language Processing (EMNLP)*, pages 1997–2007, Association for Computational Linguistics, 2014c. http://aclweb.org/anthology/D14-1214

Jiwei Li, Alan Rittrer, and Eduard H. Hovy. Weakly supervised user profile extraction from Twitter. In *Proc. of the 52nd Annual Meeting of the Association for Computational Linguistics, (ACL) (Volume 1, Long Papers)*, pages 165–174, Baltimore, MD, June 22–27, 2014d. http://aclweb.org/anthology/P/P14/P14-1016.pdf

Nut Limsopatham and Nigel Collier. Adapting phrase-based machine translation to normalise medical terms in social media messages. In *Proc. of the Conference on Empirical Methods in Natural Language Processing*, pages 1675–1680, Lisbon, Portugal, Association for Computational Linguistics, September 2015. http://aclweb.org/anthology/D15-1194

Chin-Yew Lin and Eduard Hovy. Automatic evaluation of summaries using n-gram cooccurrence statistics. In *Proc. of the Human Language Technology Conference of the North American Chapter of the Association for Computational Linguistics*, Edmonton, Alberta, Canada, volume 1, pages 71–78, ACL, May 27–June 1, 2003. DOI: 10.3115/1073445.1073465.

Hui Lin, Jeff Bilmes, and Shasha Xie. Graph-based submodular selection for extractive summarization. In *The 11th Biannual IEEE Workshop on Automatic Speech Recognition and Understanding (ASRU)*, pages 381–386, 2009.

Wang Ling, Guang Xiang, Chris Dyer, Alan Black, and Isabel Trancoso. Microblogs as parallel corpora. In *Proc. of the 51st Annual Meeting of the Association for Computational Linguistics (Volume 1, Long Papers)*, pages 176–186, Sofia, Bulgaria, Association for Computational Linguistics, August 2013. http://www.aclweb.org/anthology/P13-1018

Bing Liu. *Sentiment Analysis and Opinion Mining*. Synthesis Lectures on Human Language Technologies. Morgan & Claypool Publishers, 2012.

Fei Liu, Maria Vasardani, and Timothy Baldwin. Automatic identification of locative expressions from social media text: A comparative analysis. In *Proc. of the 4th International Workshop on Location and the Web, (LocWeb'14)*, pages 9–16, New York, NY, ACM, 2014. DOI: 10.1145/2663713.2664426.

Hugo Liu and Push Singh. Conceptnet: A practical commonsense reasoning toolkit. *BT Technology Journal*, 22:211–226, 2004. DOI: 10.1023/B:BTTJ.0000047600.45421.6d.

Ji Liu and Diana Inkpen. Estimating user locations on social media: A deep learning approach. In *Proc. of the NAACL Workshop on Vector Space Modeling for NLP*, Denver, CO, 2015.

Wendy Liu and Derek Ruths. What's in a name? Using first names as features for gender inference in Twitter. In *AAAI Spring Symposium: Analyzing Microtext*, volume SS-13-01 of *AAAI Technical Report*, 2013. http://dblp.uni-trier.de/db/conf/aaaiss/aaaiss2013-01. html#LiuR13

Xiaohua Liu, Yitong Li, Furu Wei, and Ming Zhou. Graph-based multi-tweet summarization using social signals. In *Proc. of the International Conference on Computational Linguistics (COLING)*, pages 1699–1714, Mumbai, India, December 2012a. http://www.aclweb.org /anthology/ C12-1104

Xiaohua Liu, Ming Zhou, Furu Wei, Zhongyang Fu, and Xiangyang Zhou. Joint inference of named entity recognition and normalization for tweets. In *Proc. of the 50th Annual Meeting of the Association for Computational Linguistics (Long Papers)*, volume 1, pages 526–535, ACl, 2012b. http://dl.acm.org/citation.cfm?id=2390524.2390598

Clare Llewellyn, Claire Grover, Jon Oberlander, and Ewan Klein. Re-using an argument corpus to aid in the curation of social media collections. In *Proc. of the 9th International Conference on Language Resources and Evaluation (LREC'14)*, Reykjavik, Iceland, European Language Resources Association (ELRA), May 2014. http://www.lrec-conf.org/ proceedings/l rec2014/pdf/845_Paper.pdf

Rui Long, Haofen Wang, Yuqiang Chen, Ou Jin, and Yong Yu. Towards effective event detection, tracking and summarization on microblog data. In *Web-age Information Management*, pages 652–663, Springer, 2011. http://dl.acm.org/citation.cfm?id=2035562. 2035636

Uta Lösch and David Müller. Mapping microblog posts to encyclopedia articles. In *Tagungsband Informatik*, GI-Edition, Berlin, October 2011.

Michael Luca and Georgios Zervas. Fake it till you make it: Reputation, competition, and yelp review fraud. *Technical Report*, Harvard Business School NOM Unit Working Paper No. 14-006, 2014. DOI: 10.2139/ssrn.2293164.

Marco Lui and Timothy Baldwin. langid.py: An off-the-shelf language identification tool. In *Proc. of the ACL System Demonstrations*, pages 25–30, Jeju Island, Korea, Association for Computational Linguistics, July 2012. http://www.aclweb.org/anthology/P12-3005

Marco Lui and Timothy Baldwin. Accurate language identification of Twitter messages. In *Proc. of the 5th Workshop on Language Analysis for Social Media (LASM)*, pages 17–25, Gothenburg, Sweden, Association for Computational Linguistics, April 2014. http://www.aclweb.org /anthology/W14-1303

Stephanie Lukin and Marilyn Walker. Really? Well. Apparently bootstrapping improves the performance of sarcasm and nastiness classifiers for online dialogue. In *Proc. of the Workshop on Language Analysis in Social Media*, pages 30–40, Atlanta, GA, Association for Computational Linguistics, June 2013. http://www.aclweb.org/anthology/W13-1104

Jing Ma, Wei Gao, and Kam-Fai Wong. Detect rumors in microblog posts using propagation structure via kernel learning. In *Proc. of the 55th Annual Meeting of the Association for Computational Linguistics (Volume 1, Long Papers)*, pages 708–717, Vancouver, Canada, Association for Computational Linguistics, July 2017. http://aclweb.org/anthology/P17-1066

Stuart Mackie, Richard McCreadie, Craig Macdonald, and Iadh Ounis. On choosing an effective automatic evaluation metric for microblog summarisation. In *Proc. of the 5th Information Interaction in Context Symposium, (IIiX'14)*, pages 115–124, New York, NY, ACM, 2014. DOI: 10.1145/2637002.2637017.

Tushar Maheshwari, Aishwarya N. Reganti, Samiksha Gupta, Anupam Jamatia, Upendra Kumar, Björn Gambäck, and Amitava Das. A societal sentiment analysis: Predicting the values and ethics of individuals by analysing social media content. In *Proc. of the 15th Conference of the European Chapter of the Association for Computational Linguistics (Volume 1, Long Papers)*, pages 731–741, Valencia, Spain, April 2017. http://www.aclweb.org/anthology/E171069 DOI: 10.18653/v1/e17-1069.

Jalal Mahmud, Jeffrey Nichols, and Clemens Drews. Home location identification of Twitter users. *ACM Transactions on Intelligent Systems and Technology*, 5(3):1–21, July 2014. DOI: 10.1145/2528548.

Huina Mao and Johan Bollen. Computational economic and finance gauges: Polls, search, and Twitter. *The National Bureau of Economic Research (NBER) Working Papers*, November 2011.

Micol Marchetti-Bowick and Nathanael Chambers. Learning for microblogs with distant supervision: Political forecasting with Twitter. In *Proc. of the 13th Conference of the European Chapter of the Association for Computational Linguistics*, pages 603–612, Avignon, France, April 2012. http://www.aclweb.org/anthology/E12-1062

Adam Marcus, Michael S. Bernstein, Osama Badar, David R. Karger, Samuel Madden, and Robert C. Miller. Twitinfo: Aggregating and visualizing microblogs for event exploration. In *Proc. of the International Conference on Human Factors in Computing Systems, (CHI)*, pages 227– 236, Vancouver, BC, Canada, May 7–12, 2011. DOI: 10.1145/1978942.1978975.

Mitchell P. Marcus, Mary Ann Marcinkiewicz, and Beatrice Santorini. Building a large annotated corpus of English: The Penn Treebank. *Computational Linguistics*, 19(2):313–330, 1993. http://dl.acm.org/citation.cfm?id=972470.972475

Vincent Martin. Predicting the French stock market using social media analysis. In *Semantic and Social Media Adaptation and Personalization (SMAP), 8th International Workshop on*, pages 3–7, December 2013. DOI: 10.1109/SMAP.2013.22.

Kamran Massoudi, Manos Tsagkias, Maarten de Rijke, and Wouter Weerkamp. Incorporating query expansion and quality indicators in searching microblog posts. In *Advances in Information Retrieval*, volume 6611 of *Lecture Notes in Computer Science*, pages 362–367, Springer Berlin Heidelberg, 2011. DOI: 10.1007/978-3-642-20161-5_36.

Michael Mathioudakis and Nick Koudas. Twittermonitor: Trend detection over the Twitter stream. In *Proc. of the ACM SIGMOD International Conference on Management of data*, pages 1155–1158, 2010. DOI: 10.1145/1807167.1807306.

Uwe F. Mayer. Bootstrapped language identification for multi-site Internet domains. In *Proc. of the 18th ACM SIGKDD International Conference on Knowledge Discovery and Data Mining, (KDD)*, pages 579–585, New York, NY, 2012. DOI: 10.1145/2339530.2339622.

Diana Maynard, Kalina Bontcheva, and Dominic Rout. Challenges in developing opinion mining tools for social media. In *Proc. of NLP can u tag #usergeneratedcontent?! Workshop at LREC*, Istanbul, Turkey, 2012. https://gate.ac.uk/sale/lrec2012/ugc-workshop/opinionmining-extended.pdf

Chandler McClellan, Mir M. Ali, Ryan Mutter, Larry Kroutil, and Justin Landwehr. Using social media to monitor mental health discussions—evidence from Twitter. *Journal of American Medical Informatics Association*. DOI: 10.1093/jamia/ocw133.

Edgar Meij, Wouter Weerkamp, and Maarten de Rijke. Adding semantics to microblog posts. In *Proc. of the 5th ACM International Conference on Web Search and Data Mining, (WSDM'12)*, pages 563–572, New York, NY, 2012. DOI: 10.1145/2124295.2124364.

Prem Melville, Vikas Sindhwani, and Richard D. Lawrence. Social media analytics: Channeling the power of the blogosphere for marketing insight, 2009.

Donald Metzler, Susan Dumais, and Christopher Meek. Similarity measures for short segments of text. In *Advances in Information Retrieval*, volume 4425 of *Lecture Notes in Computer Science*, pages 16–27, Springer Berlin Heidelberg, 2007. DOI: 10.1007/978-3-540-71496-5_5.

Donald Metzler, Congxing Cai, and Eduard Hovy. Structured event retrieval over microblog archives. In *Proc. of the Conference of the North American Chapter of the Association for Computational Linguistics: Human Language Technologies*, pages 646–655, ACL, 2012. http://dl.acm.org/citation.cfm?id=2382029.2382138

Gilad Mishne. Experiments with mood classification in blog posts. In *Proc. of ACM SIGIR Workshop on Stylistic Analysis of Text for Information Access*, volume 19, 2005. http://staff. science.uva.nl/~{}gilad/pubs/style2005-blogmoods.pdf

Shamima Mithun. *Exploiting Rhetorical Relations in Blog Summarization*. Ph.D. thesis, Concordia University, 2012.

Samaneh Moghaddam and Fred Popowich. Opinion polarity identification through adjectives. *Computing Research Repository (CoRR)*, abs/1011.4623, 2010. http://arxiv.org/ abs/1011.4623

Saif M. Mohammad and Svetlana Kiritchenko. Using hashtags to capture fine emotion categories from tweets. *Computational Intelligence*, 2014. DOI: 10.1111/coin.12024.

Saif M. Mohammad and Peter D. Turney. Crowdsourcing a word—emotion association lexicon. *Computational Intelligence*, 29(3):436–465, 2013. http://arxiv.org/abs/1308.6297

Saif M. Mohammad, Svetlana Kiritchenko, and Xiaodan Zhu. NRC-Canada: Building the state-of-the-art in sentiment analysis of tweets. In *2nd Joint Conference on Lexical and Computational Semantics (*SEM), Volume 2: Proceedings of the 7th International Workshop on Semantic Evaluation*

(SemEval), pages 321–327, Atlanta, GA, ACL, June 2013. http: //www. aclweb.org/anthology/S13-2053

Saif M. Mohammad, Xiaodan Zhu, Svetlana Kiritchenko, and Joel Martin. Sentiment, emotion, purpose, and style in electoral tweets. *Information Processing and Management*, 2014. http://www.sciencedirect. com/science/article/pii/S0306457314000880 DOI: 10.1016/ j.ipm.2014.09.003.

Ehsan Mohammady and Aron Culotta. Using county demographics to infer attributes of twitter users. In *Proc. of the Joint Workshop on Social Dynamics and Personal Attributes in Social Media*, pages 7–16, Baltimore, MD, Association for Computational Linguistics, June 2014. http: //www.aclweb.org/anthology/W14-2702

George Mohay, Alison Anderson, Byron Collie, Olivier de Vel, and Rodney McKemmi. *Computer and Intrusion Forensics*. Artech House, Boston, 2003.

Andrea Moro, Alessandro Raganato, and Alessandro Navigli. Entity linking meets word sense disambiguation: A unified approach. *Transactions of the ACL*, 2:231–243, 2014. https: //tacl2013.cs.columbia.edu/ojs/index. php/tacl/article/view/291

Sai Moturu. *Quantifying the Trustworthiness of User-generated Social Media Content*. Ph.D. thesis, Arizona State University, 2009.

Hamdy Mubarak and Kareem Darwish. Using Twitter to collect a multi-dialectal corpus of Arabic. In *Proc. of the EMNLP Workshop on Arabic Natural Language Processing (ANLP)*, pages 1–7, Doha, Qatar, Association for Computational Linguistics, October 2014. http: //www. aclweb.org/anthology/W14-3601

Robert Munro. Crowdsourced translation for emergency response in Haiti: The global collaboration of local knowledge. In *In AMTA Workshop on Collaborative Crowdsourcing for Translation*, 2010.

Mor Naaman, Hila Becker, and Luis Gravano. Hip and trendy: Characterizing emerging trends on Twitter. *Journal of the American Society for Information Science and Technology*, 62(5):902– 918, 2011. DOI: 10.1002/asi.21489.

Meenakshi Nagarajan, Karthik Gomadam, Amit P. Sheth, Ajith Ranabahu, Raghava Mutharaju, and Ashutosh Jadhav. Spatio-temporal-thematic analysis of citizen sensor data: Challenges and experiences. In *Web Information Systems Engineering, (WISE), 10th International Conference, Proceedings*, pages 539–553, Poznan, Poland, October 5–7, 2009. DOI: 10.1007/978-3-642-04409-0_52.

Preslav Nakov, Alan Ritter, Sara Rosenthal, Fabrizio Sebastiani, and Veselin Stoyanov. SemEval-2016 task 4: Sentiment analysis in Twitter. In *Proc. of the 10th International Workshop on Semantic Evaluation (SemEval)*, pages 1–18, San Diego, CA, Association for Computational Linguistics, June 2016. http://www.aclweb.org/anthology/S16-1001 DOI: 10.18653/v1/s16-1001.

Ramesh Nallapati, Ao Feng, Fuchun Peng, and James Allan. Event threading within news topics. In *Proc. of the 13th ACM International Conference on Information and Knowledge Management, (CIKM'04)*, pages 446–453, New York, NY, 2004. DOI: 10.1145/1031171.1031258.

Alena Neviarouskaya, Helmut Prendinger, and Mitsuru Ishizuka. Compositionality principle in recognition of fine-grained emotions from text. In *Proc. of 3th International AAAI Conference on Weblogs and Social Media (ICWSM)*, 2009. https://www.aaai.org/ocs/index.php/ICWSM/09/paper/viewFile/197/525

Dong Nguyen and A. Seza Doğruöz. Word level language identification in online multilingual communication. In *Proc. of the Conference on Empirical Methods in Natural Language Processing*, pages 857–862, Seattle, WA, Association for Computational Linguistics, October 2013. ht tp://www.aclweb.org/anthology/D13-1084

Azadeh Nikfarjam. *Health Information Extraction from Social Media*. Ph.D. thesis, Arizona State University, 2016.

Azadeh Nikfarjam, Abeed Sarker, Karen O'Connor, Rachel Ginn, and Graciela Gonzalez. Pharmacovigilance from social media: Mining adverse drug reaction mentions using sequence labeling with word embedding cluster features. *Journal of the American Medical Informatics Association*, 22(3):671–681, 2015. DOI: 10.1093/jamia/ocu041.

Eric Nunes, Ahmad Diab, Andrew Gunn, Ericsson Marin, Vineet Mishra, Vivin Paliath, John Robertson, Jana Shakarian, Amanda Thart, and Paulo Shakarian. Darknet and Deepnet mining for proactive cybersecurity threat intelligence. 2016. https://arxiv.org/pdf/1607. 08583.pdf DOI: 10.1109/isi.2016.7745435.

Jon Oberlander and Scott Nowson. Whose thumb is it anyway?: Classifying author personality from weblog text. In *Proc. of COLING/ACL (Posters)*, pages 627–634, Association for Computational Linguistics, 2006. http://www.aclweb.org/anthology/P06-2081.pdf

Brendan O'Connor, Michel Krieger, and David Ahn. Tweetmotif: Exploratory search and topic summarization for Twitter. In *ICWSM*, 2010.

Lilja Ovrelid and Arne Skjærholt. Lexical categories for improved parsing of web data. In *Proc. of the International Conference on Computational Linguistics (COLING) (Posters)*, pages 903–912, Mumbai, India, December 2012. http://www.aclweb.org/anthology/C12-2088

Olutobi Owoputi, Brendan O'Connor, Chris Dyer, Kevin Gimpel, Nathan Schneider, and Noah A. Smith. Improved part-of-speech tagging for online conversational text with word clusters. In *Proc. of Human Language Technologies: The Conference of the North American Chapter of the Association for Computational Linguistics*, pages 380–390, Atlanta, GA, June 9–15, 2013. http://www.aclweb.org/anthology/N13-1039

Julia Pajzs, Ralf Steinberger, Maud Ehrmann, Mohamed Ebrahim, Leonida Della Rocca, Eszter Simon, Stefano Bucci, and Tamas Varadi. Media monitoring and information extraction for the highly inflected agglutinative language hungarian. In *LREC Proc.*, pages 2040– 2056, Reykjavik, Iceland, 2014. http://www.lrec-conf.org/proceedings/lrec2014/ pdf/449_Paper.pdf

Alexander Pak and Patrick Paroubek. Twitter based system: Using Twitter for disambiguating sentiment ambiguous adjectives. In *Proc. of the 5th International Workshop on Semantic Evaluation*, pages 436–439, Association for Computational Linguistics, 2010a. http: //aclweb.org/anthology/S10-1097

Alexander Pak and Patrick Paroubek. Twitter as a corpus for sentiment analysis and opinion mining. In *Proc. of the 7th Conference on International Language Resources and Evaluation (LREC'10)*, European Languages Resources Association (ELRA), 2010b. http: //aclweb.org/anthology/L10-1263

Elisavet Palogiannidi, Athanasia Kolovou, Fenia Christopoulou, Filippos Kokkinos, Elias Iosif, Nikolaos Malandrakis, Haris Papageorgiou, Shrikanth Narayanan, and Alexandros Potamianos. Tweester at SemEval-2016 task 4: Sentiment analysis in Twitter using semanticaffective model adaptation. In *Proc. of the 10th International Workshop on Semantic Evaluation (SemEval)*, pages 155–163, San Diego, CA, Association for Computational Linguistics, June 2016. http://www.aclweb.org/anthology/S16-1023 DOI: 10.18653/v1/s16-1023.

Georgios Paltoglou and Mike Thelwall. Twitter, MySpace, Digg: Unsupervised sentiment analysis in social media. *ACM Transactions on Intelligent Systems and Technology (TIST)*, 3(4):66, 2012. DOI: 10.1145/2337542.2337551.

Bo Pang and Lillian Lee. Opinion mining and sentiment analysis. *Foundations and Trends in Information Retrieval*, 2(1–2):1–135, 2008. DOI: 10.1561/1500000011.

Kishore Papineni, Salim Roukos, Todd Ward, and Wei-Jing Zhu. Bleu: A method for automatic evaluation of machine translation. In *Proc. of the 40th Annual Meeting of the Association for Computational Linguistics*, pages 311–318, Philadelphia, PA, July 7–12, 2002. DOI: 10.3115/1073083.1073135.

Deepa Paranjpe. Learning document aboutness from implicit user feedback and document structure. In *Proc. of the 18th ACM Conference on Information and Knowledge Management*, pages 365–374, 2009. DOI: 1645953.1646002.

Minsu Park, Chiyoung Cha, and Meeyoung Cha. Depressive moods of users portrayed in Twitter. In *ACM SIGKDD Workshop on Healthcare Informatics (HI-KDD)*, pages 1–8, 2012.

Michael Paul, ChengXiang Zhai, and Roxana Girju. Summarizing contrastive viewpoints in opinionated text. In *Proc. of the Conference on Empirical Methods in Natural Language Processing*, pages 66–76, Cambridge, MA, Association for Computational Linguistics, October 2010. http://www.aclweb.org/anthology/D10-1007

Fuchun Peng and Dale Schuurmans. Combining Naïve Bayes and n-gram language models for text classification. *Advances in Information Retrieval*, pages 335–350, 2003.

Nanyun Peng and Mark Dredze. Multi-task domain adaptation for sequence tagging. 2016. https://arxiv.org/abs/1608.02689

James W. Pennebaker, Roger J. Booth, and Martha E. Francis. Operator's manual: Linguistic inquiry and word count (LIWC2007). *Technical Report*, Austin, Texas, LIWC.net, 2007.

Isaac Persing and Vincent Ng. Vote prediction on comments in social polls. In *Proc. of the Conference on Empirical Methods in Natural Language Processing (EMNLP)*, pages 1127–1138, Doha, Qatar, Association for Computational Linguistics, October 2014. http://www.aclw eb.org/anthology/D14-1119

Sasha Petrovic, Miles Osborne, and Victor Lavrenko. Streaming first story detection with application to Twitter. In *Proc. of Human Language Technologies: The Conference of the North American Chapter of the Association for Computational Linguistics*, pages 181–189, Los Angeles, CA, June 2–4, 2010. http://dl.acm.org/citation.cfm?id=1857999.1858020

Swit Phuvipadawat and Tsuyoshi Murata. Breaking news detection and tracking in Twitter. In *Web Intelligence and Intelligent Agent Technology (WI-IAT), IEEE/WIC/ACM International Conference on*, volume 3, pages 120–123, 2010. DOI: 10.1109/WI-IAT.2010.205.

Ferran Pla and Lluís-F. Hurtado. Political tendency identification in Twitter using sentiment analysis techniques. In *Proc. of the 25th International Conference on Computational Linguistics (COLING)*, pages 183–192, Dublin, Ireland, Dublin City University and Association for Computational Linguistics, August 2014. http://www.aclweb.org/anthology/C14-1019

Robert Plutchik and Henry Kellerman. *Emotion: Theory, Research and Experience*, Vol. 1, Theories of Emotion. Academic Press, 1980. http://www.jstor.org/stable/1422757

Ingmar Poese, Steve Uhlig, Mohamed Ali Kaafar, Benoit Donnet, and Bamba Gueye. IP geolocation databases: Unreliable? *ACM SIGCOMM Computer Communication Review*, 41(2):53– 56, 2011. DOI: 1971162.1971171.

Adrian Popescu and Gregory Grefenstette. Mining user home location and gender from flickr tags. In *Proc. of the International Conference on Weblogs and Social Media (ICWSM)*, 2010. http://www.aaai.org/ocs/index.php/ICWSM/ICWSM10/paper/viewFile/1477/1881

Ana-Maria Popescu and Oren Etzioni. Extracting product features and opinions from reviews. In *Proc. of the Conference on Human Language Technology and Empirical Methods in Natural Language Processing, (HLT'05)*, pages 339–346, Stroudsburg, PA, Association for Computational Linguistics, 2005. DOI: 10.3115/1220575.1220618.

Ana-Maria Popescu and Marco Pennacchiotti. Detecting controversial events from Twitter. In *Proc. of the 19th ACM International Conference on Information and Knowledge Management*, pages 1873–1876, 2010. DOI: 1871437.1871751.

Ana-Maria Popescu, Marco Pennacchiotti, and Deepa Paranjpe. Extracting events and event descriptions from Twitter. In *Proc. of the 20th International Conference Companion on World Wide Web*, pages 105–106, ACM, 2011. DOI: 10.1145/1963192.1963246.

Alexabder Porshnev, Ilyia Redkin, and Alexey Shevchenko. Machine learning in prediction of stock market indicators based on historical data and data from Twitter sentiment analysis. In *Data Mining Workshops (ICDMW), IEEE 13th International Conference on*, pages 440–444, December 2013.

Robert Power, Bella Robinson, and David Ratcliffe. Finding fires with Twitter. In *Australasian Language Technology Association Workshop*, pages 80–89, 2013. http://www.aclweb.org/a nthology/U/U13/U13-1011.pdf

G. Prapula, Soujanya Lanka, and Kamalakar Karlapalem. TEA: Episode analytics on short messages. In *4th Workshop on Making Sense of Microposts (#Microposts2014)*, pages 11–18, 2014. http://ceur-ws.org/Vol-1141/paper_08.pdf

Daniel Preotiuc-Pietro, Svitlana Volkova, Vasileios Lampos, Yoram Bachrach, and Nikolaos Aletras. Studying user income through language, behaviour and affect in social media. *PLOS ONE*. DOI: 10.1371/journal.pone.0138717.

Daniel Preotiuc-Pietro, Maarten Sap, H. Andrew Schwartz, and Lyle Ungar. Mental illness detection at the world well-being project for the CLPsych shared task. In *Proc. of the 2nd Workshop on Computational Linguistics and Clinical Psychology: From Linguistic Signal to Clinical Reality*, pages 40–45, 2015. DOI: 10.3115/v1/w15-1205.

Daniel Preotiuc-Pietro, Ye Liu, Daniel Hopkins, and Lyle Ungar. Beyond binary labels: Political ideology prediction of Twitter users. In *Proc. of the 55th Annual Meeting of the Association for Computational Linguistics (Volume 1, Long Papers)*, pages 729–740, Vancouver, Canada, Association for Computational Linguistics, July 2017. http://aclweb.org/anthology/P 17-1068 DOI: 10.18653/v1/p17-1068.

Reid Priedhorsky, Aron Culotta, and Sara Y. Del Valle. Inferring the origin locations of tweets with quantitative confidence. In *Proc. of the 17th ACM Conference on Computer Supported Cooperative Work and Social Computing (CSCW'14)*, pages 1523–1536, New York, Press, February 2014. http://dl.acm.org/citation.cfm?id=2531602.2531607 DOI: 10.1145/2531602.2531607.

Daniel Ramage, David Hall, Ramesh Nallapati, and Christopher D. Manning. Labeled LDA: A supervised topic model for credit attribution in multi-labeled corpora. In *Proc. of the Conference on Empirical Methods in Natural Language Processing*, volume 1, pages 248–256, Singapore, August 6–7, 2009. http://dl.acm.org/citation.cfm?id=1699510.1699543

Gabriele Ranco, Darko Aleksovski, Guido Caldarelli, Miha Grcar, and Igor Mozetic. The effects of Twitter sentiment on stock price returns. *PLOS ONE*. DOI: 10.1371/journal.pone.0138441.

Delip Rao, David Yarowsky, Abhishek Shreevats, and Manaswi Gupta. Classifying latent user attributes in Twitter. In *Proc. of the 2nd International Workshop on Search and Mining User-generated Contents, (SMUC'10)*, pages 37–44, New York, NY, ACM, 2010. DOI: 10.1145/1871985.1871993.

Delip Rao, Michael J. Paul, Clayton Fink, David Yarowsky, Timothy Oates, and Glen Coppersmith. Hierarchical Bayesian models for latent attribute detection in social media. In *Proc. of the 5th International Conference on Weblogs and Social Media*, Barcelona, Catalonia, Spain, July 17–21, 2011. http://www.aaai.org/ocs/index.php/ICWSM/ICWSM11/paper/view /2881

Amir H. Razavi, Diana Inkpen, Dmitry Brusilovsky, and Lana Bogouslavski. General topic annotation in social networks: A Latent Dirichlet Allocation approach. In Osmar R. Zaiane and Sandra Zilles, Eds., *Advances in Artificial Intelligence*, volume 7884 of *Lecture Notes in Computer Science*, pages 293–300, Springer Berlin Heidelberg, 2013. DOI: 10.1007/978-3-642-38457-8_29.

Amir H. Razavi, Diana Inkpen, Rafael Falcon, and Rami Abielmona. Textual risk mining for maritime situational awareness. In *Cognitive Methods in Situation Awareness and Decision Support (CogSIMA), IEEE International Inter-disciplinary Conference on*, pages 167–173, 2014. DOI: 10.1109/CogSIMA.2014.6816558.

Majid Razmara, George Foster, Baskaran Sankaran, and Anoop Sarkar. Mixing multiple translation models in statistical machine translation. In *Proc. of the 50th Annual Meeting of the Association for Computational Linguistics (Volume 1, Long Papers)*, pages 940–949, Jeju Island, Korea, July 2012. http://www.aclweb.org/anthology/P12-1099

Philip Resnik, William Armstrong, Leonardo Claudino, Thang Nguyen, Viet-an Nguyen, and Jordan Boyd-graber. Beyond LDA: Exploring supervised topic modeling for depressionrelated language in Twitter. In *Proc. of the 2nd Workshop on Computational Linguistics and Clinical Psychology: From Linguistic Signal to Clinical Reality*, volume 1, pages 99–107, 2015. DOI: 10.3115/v1/w15-1212.

Matthew Riemer, Sophia Krasikov, and Harini Srinivasan. A deep learning and knowledge transfer based architecture for social media user characteristic determination. In *Proc. of the 3rd International Workshop on Natural Language Processing for Social Media*, pages 39–47, Denver, CO, Association for Computational Linguistics, June 2015. http://www.aclweb.org/ant hology/W15-1705 DOI: 10.3115/v1/w15-1705.

Ellen Riloff, Ashequl Qadir, Prafulla Surve, Lalindra De Silva, Nathan Gilbert, and Ruihong Huang. Sarcasm as contrast between a positive sentiment and negative situation. In *Proc. of the Conference on Empirical Methods in Natural Language Processing*, pages 704–714, Seattle, Washington, Association for Computational Linguistics, October 2013. http://www.aclw eb.org/anthology/D13-1066

Alan Ritter, Sam Clark, Mausam, and Oren Etzioni. Named entity recognition in tweets: An experimental study. In *Proc. of the Conference on Empirical Methods in Natural Language Processing, (EMNLP'11)*, pages 1524–1534, Edinburgh, Scotland, UK, ACL, July 2011. ht tp:// www.aclweb.org/anthology/D11-1141

Bella Robinson, Robert Power, and Mark Cameron. A sensitive Twitter earthquake detector. In *Proc. of the 22nd International Conference on World Wide Web Companion*, pages 999–1002, International World Wide Web Conferences Steering Committee, 2013. http://www2013. org/ companion/p999.pdf DOI: 10.1145/2487788.2488101.

Stephen Roller, Michael Speriosu, Sarat Rallapalli, Benjamin Wing, and Jason Baldridge. Supervised text-based geolocation using language models on an adaptive grid. In *Proc. of the Joint Conference on Empirical Methods in Natural Language Processing and Computational Natural Language Learning*, pages 1500–1510, Association for Computational Linguistics, July 2012. http://dl.acm.org/citation. cfm?id=2390948.2391120

Sara Rosenthal, Preslav Nakov, Svetlana Kiritchenko, Saif M. Mohammad, Alan Ritter, and Veselin Stoyanov. SemEval-2015 task 10: Sentiment analysis in Twitter. In *Proc. of the 9th International Workshop on Semantic Evaluation Exercises (SemEval-2015)*, Denver, Colorado, Association for Computational Linguistics, June 2015. DOI: 10.18653/ v1/s15-2078.

Dominic Rout, Kalina Bontcheva, Daniel Preotiuc-Pietro, and Trevor Cohn. Where's @wally?: A classification approach to geolocating users based on their social ties. In *HyperText and Social Media*, pages 11–20, 2013. DOI: 10.1145/2481492.2481494.

Matthew Rowe and Hassan Saif. Mining pro-isis radicalisation signals from social media users. In *Proc. of the 10th International AAAI Conference on Web and Social Media (ICWSM)*, pages 329–338, 2016. http://www.aaai.org/ocs/index.php/ICWSM/ICWSM16/paper/ download/13023/12752

Victoria Rubin, Jeffrey Stanton, and Elizabeth Liddy. Discerning emotions in texts. In *AAAI Symposium on Exploring Attitude and Affect in Text (AAAI-EAAT)*, 2004.

Fatiha Sadat, Farnazeh Kazemi, and Atefeh Farzindar. Automatic identification of Arabic dialects in social media. In *SoMeRA: International Workshop on Social Media Retrieval and Analysis*, 2014a. DOI: 10.1145/2632188.2632207.

Fatiha Sadat, Farnazeh Kazemi, and Atefeh Farzindar. Automatic identification of Arabic language varieties and dialects in social media. In *COLING: Workshop on Natural Language Processing for Social*

Media (SocialNLP), 2014b. DOI: 10.3115/v1/w14-5904.

Fatiha Sadat, Fatma Mallek, Rahma Sellami, Mohamed Mahdi Boudabous, and Atefeh Farzindar. Collaboratively constructed linguistic resources for language variants and their exploitation in NLP application—the case of Tunisian Arabic and the social media. In *LGLP: Workshop on Lexical and Grammatical Resources for Language Processing*, 2014c. http: // aclweb.org/anthology/W14-5813 DOI: 10.3115/v1/w14-5813.

Adam Sadilek and Henry Kautz. Modeling the impact of lifestyle on health at scale. In *Proc. of the 6th ACM International Conference on Web Search and Data Mining, (WSDM'13)*, pages 637–646, New York, NY, 2013. DOI: 10.1145/2433396.2433476.

Takeshi Sakaki, Makoto Okazaki, and Yutaka Matsuo. Earthquake shakes Twitter users: Real-time event detection by social sensors. In *Proc. of the 19th International Conference on World Wide Web, (WWW'10)*, pages 851–860, New York, NY, ACM, 2010. DOI: 10.1145/1772690.1772777.

Baskaran Sankaran, Majid Razmara, Atefeh Farzindar, Wael Khreich, Fred Popowich, and Annop Sarkar. Domain adaptation techniques for machine translation and their evaluation in a real-world setting. In *Proc. of the 25th Canadian Conference on Artificial Intelligence*, pages 158–169, Toronto, ON, Canada, Springer, May 2012. DOI: 10.1007/978-3642-30353-1_14.

Jagan Sankaranarayanan, Hanan Samet, Benjamin E. Teitler, Michael D. Lieberman, and Jon Sperling. Twitterstand: News in tweets. In *Proc. of the 17th ACM SIGSPATIAL International Conference on Advances in Geographic Information Systems*, pages 42–51, 2009. DOI: 10.1145/1653771.1653781.

Hassan Sawaf. Arabic dialect handling in hybrid machine translation. In *Proc. of the Conference of the Association for Machine Translation in the Americas (AMTA)*, Denver, CO, 2010.

Jonathan Schler, Moshe Koppel, Shlomo Argamon, and James W. Pennebaker. Effects of age and gender on blogging. In *AAAI Spring Symposium: Computational Approaches to Analyzing Weblogs*, volume 6, pages 199–205, 2006.

Dara Schniederjans, Edita S. Cao, and Marc Schniederjans. Enhancing financial performance with social media: An impression management perspective, 2013. http://www.sciencedir ect.com/science/article/pii/S0167923612003934 DOI: 10.1016/j.dss.2012.12.027.

H. Andrew Schwartz, Johannes Eichstaedt, Margaret L. Kern, Gregory Park, Maarten Sap, David Stillwell, Michal Kosinski, and Lyle Ungar. Towards assessing changes in degree of depression through Facebook.

In *Proc. of the Workshop on Computational Linguistics and Clinical Psychology: From Linguistic Signal to Clinical Reality*, pages 118–125, 2014. http://www.ac lweb.org/anthology/W/W14/W14-3214 DOI: 10.3115/v1/w14-3214.

Fabrizio Sebastiani. Machine learning in automated text categorization. *ACM Computing Surveys*, 34(1):1?47, 2002. DOI: 10.1145/505282.505283.

Djamé Seddah, Benoit Sagot, Marie Candito, Virginie Mouilleron, and Vanessa Combet. The French Social Media Bank: a treebank of noisy user generated content. In *Proc. of the International Conference on Computational Linguistics (COLING)*, pages 2441–2458, Mumbai, India, December 2012. http://www.aclweb.org/anthology/C12-1149

Khaled Shaalan, Hitham M. Abo Bakr, and Ibrahim Ziedan. Transferring Egyptian colloquial dialect into Modern Standard Arabic. In *Proc. of the International Conference on Recent Advances in Natural Language Processing*, pages 525–529, Borovets, Bulgaria, September 27–29, 2007.

Cyrus Shahabi, Farnoush Banaei Kashani, Ali Khoshgozaran, Luciano Nocera, and Songhua Xing. Geodec: A framework to visualize and query geospatial data for decision-making. *IEEE MultiMedia*, 17(3):14–23, 2010. DOI: 10.1109/MMUL.2010.5692179.

D. A. Shamma, L. Kennedy, and E. F. Churchill. Tweetgeist: Can the Twitter timeline reveal the structure of broadcast events?. In *CSCW*, 2010. http://research.yahoo.com/pub/3041

Beaux Sharifi, M.-A. Hutton, and Jugal K. Kalita. Experiments in microblog summarization. In *Social Computing (SocialCom), IEEE 2nd International Conference on*, pages 49–56, 2010.

Benjamin Shickel and Parisa Rashidi. Automatic triage of mental health forum posts. In *Proc. of the 3rd Workshop on Computational Linguistics and Clinical Psychology*, pages 188–192, San Diego, CA, Association for Computational Linguistics, June 2016. http://www.aclweb.o rg/anthology/W16-0326

Benjamin Shickel, Martin Heesacker, Sherry Benton, Ashkan Ebadi, Paul Nickerson, and Parisa Rashidi. Self-reflective sentiment analysis. In *Computational Linguistics and Clinical Psychology*, pages 23–32, San Diego, CA, Association for Computational Linguistics, 2016. http://www.aclweb.org/anthology/W16-0303 DOI: 10.18653/v1/w16-0303.

Philippa Shoemark, Debnil Sur, Luke Shrimpton, Iain Murray, and Sharon Goldwater. Aye or naw, whit dae ye hink? Scottish independence and linguistic identity on social media. In *Proc. of the 15th Conference of the European Chapter of the Association for Computational Linguistics*

(Volume 1, Long Papers), pages 1239–1248, Valencia, Spain, April 2017. http://www.aclw eb.org/anthology/E17-1116 DOI: 10.18653/v1/e17-1116.

Tomer Simon, Avishay Goldberg, Limor Aharonson-Daniel, Dmitry Leykin, and Bruria Adini. Twitter in the cross fire: The use of social media in the Westgate Mall terror attack in Kenya. *PLOS ONE*. DOI: 10.1371/journal.pone.0104136.

M. U. Simsek and Suat Ozdemir. Analysis of the relation between Turkish Twitter messages and stock market index. In *Application of Information and Communication Technologies (AICT), 6th International Conference on*, pages 1–4, October 2012.

Priyanka Sinha, Anirban Dutta Choudhury, and Amit Kumar Agrawal. Sentiment analysis of Wimbledon tweets. In *4th Workshop on Making Sense of Microposts (#Microposts2014)*, pages 51–52, 2014. http://ceur-ws.org/Vol-1141/paper_10.pdf

Marina Sokolova, Khaled El Emam, Sean Rose, Sadrul Chowdhury, Emilio Neri, Elizabeth Jonker, and Liam Peyton. Personal health information leak prevention in heterogeneous texts. In *Proc. of the Workshop on Adaptation of Language Resources and Technology to New Domains*, pages 58–69, ACL, 2009. http://dl.acm.org/citation.cfm?id=1859148.1859157

Gil-Young Song, Youngjoon Cheon, Kihwang Lee, Heuiseok Lim, Kyung-Yong Chung, and Hae-Chang Rim. Multiple categorizations of products: Cognitive modeling of customers through social media data mining. *Personal and Ubiquitous Computing*.

Gabriel Stanovsky, Daniel Gruhl, and Pablo Mendes. Recognizing mentions of adverse drug reaction in social media using knowledge-infused recurrent models. In *Proc. of the 15th Conference of the European Chapter of the Association for Computational Linguistics (Volume 1, Long Papers)*, pages 142–151, Valencia, Spain, April 2017. http://www.aclweb.org/anthology /E17-1014 DOI: 10.18653/v1/e17-1014.

Anthony Stefanidis, Andrew Crooks, and Jacek Radzikowski. Harvesting ambient geospatial information from social media feeds. *GeoJournal*, 78(2):319–338, 2013. DOI: 10.1007/s10708011-9438-2.

Dario Stojanovski, Gjorgji Strezoski, Gjorgji Madjarov, and Ivica Dimitrovski. Finki at SemEval-2016 task 4: Deep learning architecture for Twitter sentiment analysis. In *Proc. of the 10th International Workshop on Semantic Evaluation (SemEval)*, pages 149–154, San Diego, CA, Association for Computational Linguistics, June 2016. http://www.aclweb.org/ant hology/S16-1022 DOI: 10.18653/v1/s16-1022.

Philip J. Stone, Robert F. Bales, J. Zvi Namenwirth, and Daniel M. Ogilvie. The General Inquirer: A computer system for content analysis and retrieval based on the sentence as a unit of information. *Behavioral Science*, 7(4):484–498, 1962. DOI: 10.1002/bs.3830070412.

Carlo Strapparava and Rada Mihalcea. Semeval-2007 task 14: Affective text. In *Proc. of the 4th International Workshop on Semantic Evaluations*, pages 70–74, 2007. http://dl.acm.org/c itation.cfm?id=1621474.1621487

Carlo Strapparava and Alessandro Valitutti. WordNet Affect: An affective extension of WordNet. In *Proc. of LREC*, volume 4, pages 1083–1086, 2004.

Frederic Stutzman, Robert Capra, and Jamila Thompson. Factors mediating disclosure in social network sites. *Computers in Human Behavior*, 27(1):590–598, 2011. http://fredstutzman.com.s3.amazonaws.com/papers/CHB2011_Stutzman.pdf DOI: 10.1016/j.chb.2010.10.017.

Hong Keel Sul, Allan R. Dennis, and Lingyao Yuan. Trading on Twitter: The financial information content of emotion in social media. In *System Sciences (HICSS), 47th Hawaii International Conference on*, pages 806–815, January 2014.

Mike Thelwall, Kevan Buckley, and Georgios Paltoglou. Sentiment in Twitter events. *Journal of the American Society for Information Science and Technology*, 62(2):406–418, 2011. DOI: 10.1002/asi.21462.

Dirk Thorleuchter and Dirk Van Den Poel. Protecting research and technology from espionage. *Expert Systems Application*, 40(9):3432–3440, July 2013. DOI: 10.1016/j.eswa.2012.12.051.

Christoph Tillmann, Saab Mansour, and Yaser Al-Onaizan. Improved sentence-level Arabic dialect classification. In *Proc. of the 1st Workshop on Applying NLP Tools to Similar Languages, Varieties and Dialects*, pages 110–119, Dublin, Ireland, Association for Computational Linguistics and Dublin City University, August 2014. http://www.aclweb.org/anthology/W145313 DOI: 10.3115/v1/w14-5313.

Ivan Titov and Ryan T. McDonald. A joint model of text and aspect ratings for sentiment summarization. In *Proc. of ACL-HLT*, volume 8, pages 308–316, ACL, 2008. http://www.aclweb.org/anthology/P08-1036

Erik Tjong Kim Sang and Johan Bos. Predicting the 2011 Dutch senate election results with Twitter. In *Proc. of the Workshop on Semantic Analysis in Social Media*, pages 53–60, Avignon, France, Association for Computational Linguistics, April 2012. http://www.aclweb.org / anthology/W12-0607

Erik F. Tjong Kim Sang and Sabine Buchholz. Introduction to the

CoNLL-2000 shared task: Chunking. In *Proc. of the 2nd Workshop on Learning Language in Logic and the 4th Conference on Computational Natural Language Learning*, pages 127–132, Lisbon, Portugal, 2000. DOI: 10.3115/1117601.1117631.

Erik F. Tjong Kim Sang and Fien De Meulder. Introduction to the CoNLL-2003 shared task: Language-independent named entity recognition. In Walter Daelemans and Miles Osborne, Eds., *Proc. of the 7th Conference on Natural Language Learning at HLT-NAACL*, volume 4, pages 142–147, Edmonton, Canada, 2003. DOI: 10.3115/1119176.1119195.

Alexander Tkachenko, Timo Petmanson, and Sven Laur. Named entity recognition in Estonian. In *Proc. of the 4th Biennial International Workshop on Balto-Slavic Natural Language Processing*, pages 78–83, Sofia, Bulgaria, Association for Computational Linguistics, August 2013. http: //www.aclweb.org/anthology/W13-2412

Kristina Toutanova, Dan Klein, Christopher D. Manning, and Yoram Singer. Feature-rich part-of-speech tagging with a cyclic dependency network. In *Proc. of the Conference of the North American Chapter of the Association for Computational Linguistics on Human Language Technology*, volume 1, pages 173–180, ACL, 2003. DOI: 10.3115/1073445.1073478.

Erik Tromp and Mikola Pechenizkiy. Graph-based n-gram language identification on short texts. In *Proc. of Benelearn*, pages 27–34, 2011. http://www.liacs.nl/~putten/benelea rn2011/Benelearn2011_Proceedings.pdf

Sho Tsugawa, Yusuke Kikuchi, Fumio Kishino, Kosuke Nakajima, Yuichi Itoh, and Hiroyuki Ohsaki. Recognizing depression from Twitter activity. In *Proc. of the 33rd Annual ACM Conference on Human Factors in Computing Systems (CHI'15)*, pages 3187–3196, 2015. DOI: 10.1145/2702123.2702280.

Özlem Uzuner, Yuan Luo, and Peter Szolovits. Evaluating the state-of-the-art in automatic deidentification. *Journal of the American Medical Informatics Association*, 14(5):550–563, 2007.

Shannon Vallor. Social networking and ethics. In Edward N. Zalta, Ed., *The Stanford Encyclopedia of Philosophy*, Stanford University, 2002.

Sudha Verma, Sarah Vieweg, William J. Corvey, Leysia Palen, James H. Martin, Martha Palmer, Aaron Schram, and Kenneth Mark Anderson. Natural language processing to the rescue? extracting "situational awareness" tweets during mass emergency. In *ICWSM*, pages 385–392, 2011. http://www.aaai.org/ocs/index.php/ICWSM/ICWSM11/paper/

download/2834/3282

Svitlana Volkova, Glen Coppersmith, and Benjamin Van Durme. Inferring user political preferences from streaming communications. In *Proc. of the 52nd Annual Meeting of the Association for Computational Linguistics (Volume 1, Long Papers)*, pages 186–196, Baltimore, Maryland, June 2014. http://www.aclweb.org/anthology/P/P14/P14-1018 DOI: 10.3115/v1/p14-1018.

Stephen Wan, Cecile Paris, and Dimitrios Georgakopoulos. Social media data aggregation and mining for Internet-scale customer relationship management. In *IEEE International Conference on Information Reuse and Integration (IRI)*, 2015. http://ieeexplore.ieee.or g/abstract/document/7300953/

Na Wang, Jens Grossklags, and Heng Xu. An online experiment of privacy authorization dialogues for social applications. In *Computer Supported Cooperative Work, (CSCW)*, pages 261–272, San Antonio, TX, February 23–27, 2013. http://people.ischool.berkeley.edu/ ~jensg/research/paper/Grossklags-CSCW2013.pdf

Pidong Wang and Hwee Tou Ng. A beam-search decoder for normalization of social media text with application to machine translation. In *Proc. of the Conference of the North American Chapter of the Association for Computational Linguistics: Human Language Technologies*, pages 471–481, Atlanta, GA, June 2013. http://www.aclweb.org/anthology/N13-1050

Wouter Weerkamp and Maarten De Rijke. Credibility improves topical blog post retrieval. In *HLT-NAACL*, pages 923–931, Association for Computational Linguistics (ACL), 2008.

Jianshu Weng and Bu-Sung Lee. Event detection in Twitter. In *ICWSM*, 2011.

Janyce Wiebe, Theresa Wilson, and Claire Cardie. Annotating expressions of opinions and emotions in language. *Language Resources and Evaluation*, 39(2–3):165–210, 2005. DOI: 10.1007/s10579-005-7880-9.

Theresa Wilson, Janyce Wiebe, and Paul Hoffmann. Recognizing contextual polarity: An exploration of features for phrase-level sentiment analysis. *Computational Linguistics*, pages 399–433, 2009. DOI: 10.1162/coli.08-012-R1-06-90.

Benjamin Wing and Jason Baldridge. Hierarchical discriminative classification for text-based geolocation. In *Proc. of the Conference on Empirical Methods in Natural Language Processing (EMNLP)*, pages 336–348, Association for Computational Linguistics, 2014. http://aclw eb.org/anthology/D14-1039

Ian Witten and Eibe Frank. *Data Mining: Practical Machine Learning Tools and Techniques*, 2nd ed., Morgan Kaufmann, San Francisco, CA, 2005.

Wei Wu, Bin Zhang, and Mari Ostendorf. Automatic generation of personalized annotation tags for Twitter users. In *Human Language Technologies: The Annual Conference of the North American Chapter of the Association for Computational Linguistics*, pages 689–692, 2010. http: //aclweb.org/anthology/N10-1101

Wei Xie, Feida Zhu, Jing Jiang, Ee-Peng Lim, and Ke Wang. TopicSketch: Real-time bursty topic detection from Twitter. *IEEE Transactions on Knowledge and Data Engineering*, 2016.

Rui Yan, Mirella Lapata, and Xiaoming Li. Tweet recommendation with graph co-ranking. In *Proc. of the 50th Annual Meeting of the Association for Computational Linguistics (Volume 1, Long Papers)*, pages 516–525, 2012. http://www.aclweb.org/anthology/P12-1054

Steve Y. Yang, Sheung Yin K. Mo, and Xiaodi Zhu. An empirical study of the financial community network on Twitter. In *Computational Intelligence for Financial Engineering Economics (CIFEr), IEEE Conference on*, pages 55–62, March 2014.

Yiming Yang, Tom Pierce, and Jaime Carbonell. A study of retrospective and on-line event detection. In *Proc. of the 21st Annual International ACM SIGIR Conference on Research and Development in Information Retrieval*, pages 28–36, New York, NY, 1998. DOI: 10.1145/290941.290953.

Yiming Yang, Jian Zhang, Jaime Carbonell, and Chun Jin. Topic-conditioned novelty detection. In *Proc. of the 8th ACM SIGKDD Conference on Knowledge Discovery and Data Mining*, pages 688–693, Edmonton, Alberta, Canada, July 23–26, 2002. DOI: 10.1145/775047.775150.

Reyyan Yeniterzi, John Aberdeen, Samuel Bayer, Ben Wellner, Lynette Hirschman, and Bradley Malin. Effects of personal identifier resynthesis on clinical text de-identification. *Journal of the American Medical Informatics Association*, 17(2):159–168, 2010. DOI: 10.1136/jamia.2009.002212.

Jie Yin, Andrew Lampert, Mark Cameron, Bella Robinson, and Robert Power. Using social media to enhance emergency situation awareness. *IEEE Intelligent Systems*, 27(6):52– 59, 2012. http://www.ict.csiro.au/staff/jie.yin/files/YIN-IS2012.pdf DOI: 10.1109/mis.2012.6.

Omar F. Zaidan and Chris Callison-Burch. Arabic dialect identification. *Computational Linguistics*, 40(1):171–202, March 2014. DOI: 10.1162/COLI_a_00169.

Rabih Zbib, Erika Malchiodi, Jacob Devlin, David Stallard, Spyros Matsoukas, Richard Schwartz, John Makhoul, Omar F. Zaidan, and Chris Callison-Burch. Machine translation of Arabic dialects. In *Proc. of Human Language Technologies: The Conference of the North American Chapter of the Association for Computational Linguistics*, pages 49–59, Montreal, Canada, June 3–8, 2012. http://dl.acm.org/citation.cfm?id=2382029.2382037

Torsten Zesch and Tobias Horsmann. FlexTag: A highly flexible PoS tagging framework. In *Proc. of the 10th International Conference on Language Resources and Evaluation (LREC)*, pages 4259–4263, Portoroz, Slovenia, May 2016.

Bing Zhao, Matthias Eck, and Stephan Vogel. Language model adaptation for statistical machine translation with structured query models. In *Proc. of the 20th International Conference on Computational Linguistics, (COLING)*, Stroudsburg, PA, Association for Computational Linguistics, 2004. DOI: 10.3115/1220355.1220414.

Wayne Xin Zhao, Jing Jiang, Jing He, Yang Song, Palakorn Achananuparp, Ee-Peng Lim, and Xiaoming Li. Topical keyphrase extraction from Twitter. In *Proc. of the 49th Annual Meeting of the Association for Computational Linguistics: Human Language Technologies*, volume 1, pages 379–388, 2011. http://dl.acm.org/citation.cfm?id=2002472.2002521

Liang Zhou and Eduard H. Hovy. On the summarization of dynamically introduced information: Online discussions and blogs. In *AAAI Spring Symposium: Computational Approaches to Analyzing Weblogs*, page 237, 2006.

Ning Zhou, W. K. Cheung, Guoping Qiu, and Xiangyang Xue. A hybrid probabilistic model for unified collaborative and content-based image tagging. *Pattern Analysis and Machine Intelligence, IEEE Transactions on*, 33(7):1281–1294, July 2011.

Arkaitz Zubiaga, Damiano Spina, Enrique Amigó, and Julio Gonzalo. Towards real-time summarization of scheduled events from Twitter streams. In *Proc. of the 23rd ACM conference on Hypertext and Social Media*, pages 319–320, 2012. DOI: 10.1145/2309996.2310053.

索引